U0397018

An Illustrated Electron Microscopic
Study of Golden *Camellia* Pollen

金花茶花粉
电镜图鉴

—— 主编／郝秀东 ——

广西科学技术出版社

图书在版编目（CIP）数据

金花茶花粉电镜图鉴／郝秀东主编. —南宁：广西
科学技术出版社，2022.1（2024.1重印）
ISBN 978-7-5551-1742-1

Ⅰ.①金… Ⅱ.①郝… Ⅲ.①山茶科—花粉—图集
Ⅳ.①Q949.758.4-64

中国版本图书馆CIP数据核字（2021）第272195号

JINHUACHA HUAFEN DIANJING TUJIAN

金花茶花粉电镜图鉴

郝秀东　主编

策　　划：方振发　　　　　　　　　　　责任编辑：程　思
责任校对：夏晓雯　　　　　　　　　　　封面设计：韦娇林
责任印制：韦文印

出 版 人：卢培钊
出版发行：广西科学技术出版社
社　　址：广西南宁市青秀区东葛路 66 号　　　邮政编码：530023
网　　址：http://www.gxkjs.com
印　　刷：北京虎彩文化传播有限公司

开　　本：787 mm×1092 mm　　1/16
字　　数：109 千字　　　　　　　　　　印　　张：12
版　　次：2022 年 1 月第 1 版
印　　次：2024 年 1 月第 2 次印刷
书　　号：ISBN 978-7-5551-1742-1
定　　价：220.00 元

编 委 会

内容简介

　　本书简要介绍了与孢粉学息息相关的现代花粉实验室提取方法，孢粉形态学的基本内涵，现代植物花粉标本的制作方法，以及扫描电子显微镜拍摄花粉的基本方法。通过对广西防城金花茶国家级自然保护区18种金花茶花粉标本的扫描电子显微镜拍照，制作精美的现代金花茶花粉图版，并详细描述这些金花茶的花粉形态，为今后开展与金花茶花粉相关研究，如表土、地层中金花茶花粉的准确鉴定等提供标准图版。同时，通过对18种金花茶花粉图版的对比分析，为今后金花茶组植物分类学研究提供重要的花粉形态学依据。

　　本书资料翔实、内容丰富，具有系统性。书中展示了目前国内最为齐全的金花茶高清电子扫描显微照片，为探寻地质历史时期金花茶植物群落的规模及其迁移史提供了重要的微体古生物——"花粉化石"视角。本书是孢粉学和环境考古学相关研究人员的重要参考书，同时可供古地理学、古气候学、古环境学、考古学、植物学、生态学等有关学者及高等院校地理学、地质学、生物学等相关学科的师生参考。

致　谢

　　本书受到国家自然科学基金项目（41861020，42001076，U20A2048）、广西自然科学基金项目（2018GXNSFAA281264）、广西科技计划项目人才专项（桂科AD19245018，桂科AD20159025）、广西红树林保护与利用重点实验室开放基金项目（GKLMC-201902）、南宁师范大学科研启动项目（0819-2019L39）、北部湾环境演变与资源利用教育部重点实验室开放基金项目（NNNU-KLOP-X1919，NNNU-KLOP-K1925，NNNU-KLOP-X2101）、2021年中央财政林业改革发展资金项目联合资助，在此特别鸣谢！

序

　　孢粉学是一门新兴的边缘学科，随着科技的发展，已经越来越广泛地应用于地质学、生物学、地球科学、环境科学、现代医学、刑侦学、营养学等诸多领域。随着越来越多年轻人的加入，我国从事孢粉学研究的队伍也逐渐壮大，并在很多研究领域取得了令人瞩目的成果。

　　金花茶组植物是山茶科家族中唯一具有金黄色花瓣的种类，具有极高的观赏价值、药用价值和科研价值，被称为"茶族皇后""植物界的大熊猫"。广西作为现代金花茶的发现地和分布中心，区内防城港市还建有国内唯一以"花"命名的广西防城金花茶国家级自然保护区。花粉形态学研究是植物分类的重要组成部分，可以依据不同植物所具有稳定且明显的外壁纹饰、萌发孔（沟）的数目等形态结构，对植物进行系统的分类学研究。

　　郝秀东副研究员主编的《金花茶花粉电镜图鉴》一书历时3年，收录了采自广西防城金花茶国家级自然保护区18种金花茶花粉标本的扫描电子显微镜照片，并附上了相关母体植物花、叶、果及植株等照片。书中详细描述了金花茶花粉的形态结构，金花茶组植物的花期、物种分布及其形态特征等信息，对其进行系统的对比分析，旨在为厘清不同种金花茶及金花茶组植物分类学的进一步研究提供花粉形态学证据。本书所展示的现代金花茶花粉图版，为今后从地层中准确鉴定金花茶花粉，重建和恢复过去地质历史时期金花茶组植物的分布范围及其群落结构，揭示其演化史与迁移史提供重要的参考。全书资料翔实，较为系统地总结了金花茶组植物花粉的形态特征，可以作为孢粉学、环境考古学、植物分类学和古生态学等相关学科的工具书。

但是，美中不足的是，《金花茶花粉电镜图鉴》没有收录金花茶花粉在光学显微镜下的照片。因为，目前研究花粉形态的主要目的和应用，还是服务于地层化石花粉的鉴定。而鉴定统计化石花粉不可能都借助电子显微镜来完成。故，如果每个金花茶种再配上几张光学显微照片就更好了。

《金花茶花粉电镜图鉴》一书是作者金花茶花粉研究的阶段性成果，相信随着金花茶花粉现代过程及沉积记录的深入研究，有望揭示地质历史中花粉记录的金花茶组植物的演化史。

我与小郝相识于2010年，见证了他从硕士研究生开始接触孢粉，一路经历同济大学海洋学院读博、入职南宁师范大学，从一名学生成长为从事孢粉研究的专业人员。在他这一专著出版之际，嘱我作序。我很高兴，欣然应允，愿意为该书介绍和推荐，并为该书的出版表示诚挚的祝贺，同时也为他这些年对孢粉研究的坚持而感到欣慰。

是为序。

河北师范大学教授

2021 年 12 月 3 日

前　言

　　金花茶组植物是山茶科家族中唯一具有金黄色花瓣的种类，是国家一级保护植物，具有极高的观赏价值、药用价值和科研价值，被称为"茶族皇后""植物界的大熊猫"。金花茶独具的金黄色泽不仅具有极高的观赏价值，还是一种可遗传的种质资源，通过杂交和诱变等方法可以培育出更多的黄色系列山茶花品种。现代金花茶组植物主要分布于中国广西南部、西南部地区和越南北部地区，中国四川、云南和贵州等地也有少量分布。金花茶组植物的植物分类多基于花、叶等形态特征，而植物的形态特征会因为其所处的生境发生变异，使得金花茶组植物的分类学研究一直存在着较大的争议。花粉作为植物的遗传细胞，决定着植物个体繁衍及其演化的稳定性。同时，花粉形态也具有很强的遗传稳定性，不同植物的花粉粒具有固定的形态大小、外壁纹饰、萌发孔（沟）的数目等。即使是同一属植物的不同种之间，其花粉粒的外壁表面纹饰也存在一定的差异；这些种与种之间的花粉粒形态差异，具有重要的分类学意义。

　　孢子、花粉（简称"孢粉"）是植物繁殖器官的组成部分，因其外壁含耐高温、氧化和酸碱腐蚀的孢粉素（$C_{96}H_{22}O_{24}$），使之在漫长的地质年代里，可以很好地保存下来，加之其产量大、种类丰富等优势，成为最直接、最可信的古植被和古环境代用指标之一，在正确认识和恢复古植被和古环境方面具有不可替代的作用。孢粉学作为一门新兴的边缘学科，其应用领域已经涉及古地理学、古气候学、古环境学、环境考古学、植物分类学、古生态学等相关学科。孢粉形态学是地层孢粉记录研究的重要前提，不仅直接指示当地的现代气候变化，也为该地区的古环境研究提供了非常有价值的"将今论古"的依据。能否正确地利用孢粉资料来解释和重建古植被、古环境及古气候，在很大程度上取决于孢粉资料鉴定的准确性。通过对现代植物花粉形态及其所指示的现代生态环境意义的研究，对于地层中的孢粉准确鉴定，以及通过孢粉组合来推测古植被、古环境及古气候变迁，有着极其重要的借鉴作用。20世纪中后期，在中国科学院植物所徐仁院士和王伏雄院士等的领导下，组织出版了《中国植物花粉形态》《中国蕨类植物孢子形态》和《中国热带亚热带被子植物花粉形态》等专著，为孢粉学奠定了重要基础。

《金花茶花粉电镜图鉴》收录了采自广西防城金花茶国家级自然保护区18种金花茶花粉标本的扫描电子显微镜照片，并附上了相关母体植物花、叶、果及植株等照片。书中详细描述了金花茶花粉的形态结构，金花茶组植物的花期、物种分布及其形态特征等信息，对其进行系统的对比分析，为厘清不同种金花茶及金花茶组植物分类学的进一步研究提供花粉形态学证据。本书所展示的现代金花茶花粉图版，为今后从地层中准确鉴定金花茶花粉，重建和恢复过去地质历史时期金花茶组植物的分布范围及其群落结构，揭示其演化史与迁移史提供重要的参考依据。

本书共分为4章，第一章详细介绍了孢粉学研究的"前世今生"，花粉粒的形态特征，孢粉学的应用领域，孢粉学的研究方法，还着重介绍了光学生物显微镜的制片方法和扫描电子显微镜的制备方法等孢粉学相关的基础知识；第二章以"传说中的花"——金花茶为引子，综述了金花茶的命名及发现过程、现代地理分布与适生环境、伴生群落结构、物种分类及其亲缘关系及其花粉学与应用研究；第三章着重介绍了广西防城金花茶国家级自然保护区的自然地理、现代植被及其金花茶苗圃培育现状；第四章对18种金花茶花粉形态进行了详细的总述和分种描述，并对如何开发金花茶研学之旅及其衍生文创产品进行了初步的规划和设想。

本书的所有照片均来自项目组成员的第一手资料，其中金花茶组植物的花、果、叶及植株等照片由广西防城金花茶国家级自然保护区管理中心完成，金花茶扫描电子显微镜照片均由南宁师范大学孢粉实验室的日立/Hitachi扫描电子显微镜拍摄完成。潘柳青、李武峥和廖南燕组织了金花茶花粉标本的采集及拍照工作，朱锡纯、覃毅、潘韦虎、黄瑞斌、杨泉光、左静、杨婷、吴儒华、简进龙、陈银熙、陈广棠等保护区的工作人员参与了野外调查、标本采集和拍照工作。廖远明制作了金花茶硅胶文创产品，并完成了相关拍照工作。南宁师范大学金花茶大创项目组的秦琳娟、黄小琳、郑旸、徐敏、黄康华等同学参与了野外考察及花粉标本采集；由我带的研究生李立学同学任组长，秦琳娟、郑旸、徐敏、徐艳明、劳月英、薛美玲等为组员的电子显微镜拍摄小组，完成了本次金花茶花粉的电子显微镜拍摄工作；秦琳娟同学对部分金花茶电子显微镜照片进行的PS处理，并对金花茶花粉形态进行了详细的描述；李立学同学对书中所有图版进行了系统的编辑和整理。欧阳绪红整理了大量金花茶相关的著作和文献资料，并对金花茶花粉形态描述进行了细致的修订，编写了第二章。廖南燕编写了第三章，并修订了"金花茶大事记"。郝秀东编写了第一章和第四章，并统稿全书。

本书得到国家自然科学基金项目（41861020，42001076，U20A2048）、广西自然科学基金项目（2018GXNSFAA281264）、广西科技计划项目人才专项（桂科 AD19245018，桂科 AD20159025）、广西红树林保护与利用重点实验室开放基金项目（GKLMC-201902）、南宁师范大学科研启动项目（0819-2019L39）、北部湾环境演变与资源利用教育部重点实验室开放基金项目（NNNU-KLOP-X1919，NNNU-KLOP-K1925，NNNU-KLOP-X2101）及 2021 年中央财政林业改革发展资金项目等的资助。本书是金花茶花粉研究的初步成果，凝结了南宁师范大学和广西防城金花茶国家级自然保护区管理中心全体项目合作者的辛勤汗水和智慧结晶，特向所有参与此项工作的人员致以诚挚的感谢。本项目在实施过程中得到了南宁师范大学地理与海洋研究院的胡宝清院长和黄胜敏书记、广西防城金花茶国家级自然保护区管理中心的潘柳青和李武峥两任主任的大力支持，特此致谢。本书在编写过程中，参考了大量相关著作和文献，特向原作者表示衷心的感谢。本书付梓之际，幸得我国著名孢粉学家、河北师范大学许清海教授百忙之中抽空亲自作序，在此深表谢忱。

由于作者的水平及经验有限，加之时间仓促，书中难免存在错误和不足之处，敬请读者给予批评指正。

郝秀东

2021 年 12 月 12 日于地海楼 410 电镜室

目录

讲述掩藏在花粉里的那些生动而严谨的故事

为了遇见你
我积攒了
百万年、千万年
甚至几亿年的情话
把我所经历的
冰期—间冰期旋回
繁花盛开的第三纪
如何将荒芜的星球
变成人类唯一的家园
统统告诉你

为了提醒你
健忘的人类啊
已经忘记了
在什么时候
栽培第一棵水稻
酿造第一碗酒
揉搓第一根面条

为了抓住你
我选择了正义
将我无意撞见的
你的罪恶
全部告诉警察
因为我知道
谁才是凶手

为了弥补你
原谅我致敏的过错
我将我营养的
另一面
全部奉献给你

第一章

孢粉学基础知识

随着科学的发展，学科间的交叉和综合越来越多，学科之间的界限也越来越不明显。孢粉学作为一门新兴的交叉学科，越来越被广泛地运用到地质学、生物学、地球科学、环境科学、现代医学、刑侦学、营养学等研究领域。本章就孢粉学发展的"前世今生"、花粉的主要形态特征、花粉的主要应用领域、孢粉学的研究方法，以及花粉的显微镜制片方法，特别是扫描电子显微镜制片方法等，作了较为系统的总结。

一、孢粉学

孢粉学（Palynology）是研究植物的孢子、花粉（简称"孢粉"）的形态、分类及其在各个领域中应用的一门科学，可以分为现代孢粉学和古孢粉学两个领域。"Palynology"一词由英国的海德（Hyde）和威廉斯（Williams）在与瑞典地质学家 Ernst Anters 通信交流时（图 1-1），于 1944 年创立，源于希腊文动词 Paluno，有"扩散或撒向四周"之意。在整个植物界，凡是用孢子进行繁殖的植物，如菌、藻、苔藓植物和蕨类植物，都称为孢子植物；凡是用种子进行繁殖的植物，均称为种子植物。种子植物包括裸子植物和被子植物，而花粉是种子植物的繁殖器官。孢子在孢子囊、花粉在花药中成熟之后，在风、水、昆虫或动物等的作用下飞离母体植物，沉降、保存在沉积物中。经过漫长的地质年代，这些保存在沉积物中的孢子和花粉变成了化石，被称为孢粉化石。

孢粉因其外壁含有耐高温、高压、氧化和酸碱腐蚀的孢粉素（$C_{96}H_{22}O_{24}$），使之在漫长的地质年代里，可以被很好地保存下来

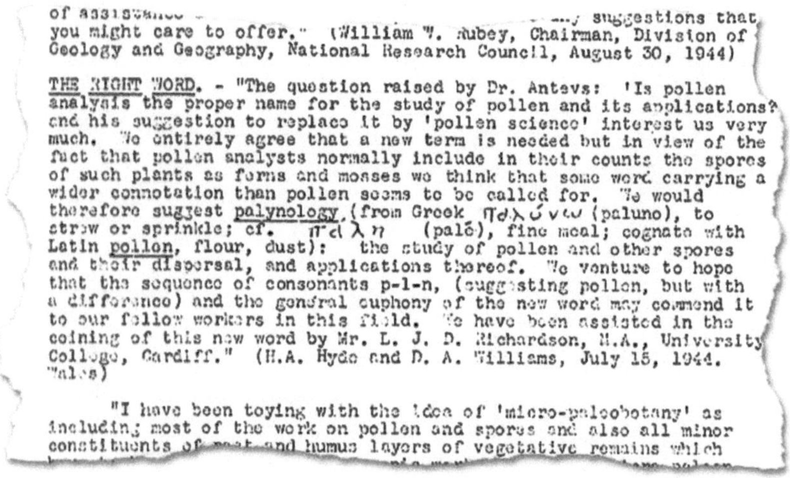
of assistance ... suggestions that you might care to offer." (William W. Rubey, Chairman, Division of Geology and Geography, National Research Council, August 30, 1944)

THE RIGHT WORD. - "The question raised by Dr. Antevs: 'Is pollen analysis the proper name for the study of pollen and its applications?' and his suggestion to replace it by 'pollen science' interest us very much. We entirely agree that a new term is needed but in view of the fact that pollen analysts normally include in their counts the spores of such plants as ferns and mosses we think that some word carrying a wider connotation than pollen seems to be called for. We would therefore suggest palynology (from Greek παλύνω (paluno), to strew or sprinkle; cf. πάλη (palē), fine meal; cognate with Latin pollen, flour, dust): the study of pollen and other spores and their dispersal, and applications thereof. We venture to hope that the sequence of consonants p-l-n, (suggesting pollen, but with a difference) and the general euphony of the new word may commend it to our fellow workers in this field. We have been assisted in the coining of this new word by Mr. L. J. D. Richardson, M.A., University College, Cardiff." (H.A. Hyde and D. A. Williams, July 15, 1944. Wales)

"I have been toying with the idea of 'micro-paleobotany' as including most of the work on pollen and spores and also all minor constituents of peat and humus layers of vegetative remains which

图 1-1 “孢粉学（Palynology）”一词的由来［摘自 *Pollen Analysis Circular* 第 8 期第 6 页（Hyde and Williams，1955）］

（王开发和王宪曾，1983），加之其产量大、种类丰富等优势，成为最直接、最可信的古环境和古植被代用指标之一，在正确认识和恢复古植被演替和古环境变迁方面具有不可替代的作用。孢粉学的研究对象除了现代和化石孢粉，广义的孢粉学还包括从地层中提取的直径在 200 微米以下的所有有机壁类化石的总称，如菌类或苔藓类孢子、疑源类、沟鞭藻、硅藻、淡水藻类、植硅体、淀粉粒、有孔虫内衬、几丁虫和虫牙等微体化石。

孢粉学作为一门新兴的交叉学科，其发展与显微镜的发明密切相关。1665 年，英国博物学家、物理学家罗伯特·胡克（Robert Hooke）研制出世界上第一台复式显微镜，为花粉形态学研究提供了技术支撑。1675 年，意大利植物学家马尔皮基（Malpighi）首次描述了花粉粒具有萌发沟（*Die Anatomie der Pflanzen*，1901）；1682 年，英国植物学家尼希米·格鲁（Nehemiah Grew）在其著作《植物解剖学》（*The Anatomy of Plants*，1982）中注意到花粉形态具有种内的稳定性，并描述了花粉的显微结构。他们俩被视为花粉形态学研究的奠基人。海因里希·戈珀特（Heinrich Göppert）和埃伦贝格（Ehrenberg）分别观察和描绘了化石孢子和花粉（Göppert，1837；Ehrenberg，1838）。但是，直到1916年，瑞典人伦纳特·冯·波斯特（Lennart von Post）才在挪威奥斯陆的学术会议上首次宣布了瑞典泥炭研究的孢粉结果（正式发表于1918年），计算了孢粉百分含量，创制了孢粉谱，并解释了孢粉种类变化与植被、气候变化间的关系；该方法沿用至今。该项研究明确了孢粉在古环境研究中的重要作用，标志了真正意义上的孢粉学的诞生（Brown，2008）。

中国的孢粉学起步较晚。尽管地理学家丁骕教授于1938年曾著文对孢粉分析的方法和应用范围进行过评述，但在一定程度上来说，孢粉学家徐仁院士应是中国化石孢粉学的奠基人和开拓者。1950年，徐仁曾访问过瑞典著名孢粉学家——埃尔特曼教授的孢粉学实验室，后又研究了云南泥盆纪的古孢子。1952年，他在李四光的启迪下，毅然从印度回国，在中国科学院南京地质古生物研究所组建了中国第一个孢粉学研究室（孔昭宸等，2018）。

二、花粉粒的形态特征

总体来说，蕨类及苔藓类植物孢子的形态较为单一，具射线裂缝的萌发器官，根据射线裂缝的个数，可以分为单缝孢子和三缝孢子。但是，种子植物花粉的形态变化万千，不同种类的植物会产生不同形状的花粉，据此可以运用花粉形态特征来鉴定该花粉属于哪一类植物。在孢粉学研究实际中，为了更好地揭示花粉组合所记录的古植被、古环境信息，除了具有明显特征的蕨类和苔藓类孢子，如凤尾蕨属（*Pteris*）等，其余都归纳到单缝孢子和三缝孢子两大类中。在计算孢粉百分比的时候，将花粉与蕨类及苔藓类植物孢子分开计算，甚至直接将蕨类及苔藓类孢子剔除，只计算各种花粉的百分比。

（一）花粉粒的构造

单粒花粉的构造包括花粉壁（包括两层：外壁和内壁）、细胞核（包括生殖核和花粉管核）、原生质（即花粉内部的营养成分），以及花粉壁上的各种萌发器官（即花粉成熟后向外释放营养物质的器官）（图1-2）。此外，在整个花粉粒的表面还生长着各种各样的纹饰。

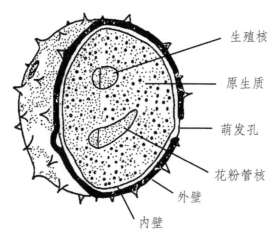

图1-2　花粉粒结构（修改自岩波洋造的《花粉学大要》，1964）

（二）花粉粒的对称性和极性

大多数花粉粒是对称的，只有极少数花粉粒是不对称的。对称的方式主要有三种：①排列于同一平面上的花粉多表现为左右对称；②排列于不同平面的四分体所分化出来的花粉多为辐射对称；③呈球形的花粉则完全对称。

花粉的极性决定于花粉在四分体中所处的位置。花粉由母细胞经过减数分裂，形成四分体，分离后形成四粒花粉。为了研究方便，假定每个花粉粒向四分体中心的一端为近极，向外的一端为远极，四分体中心向花粉粒中心的延长线成为花粉的极轴；与极轴垂直的线为赤道轴，赤道轴所在的平面被称为赤道面。以赤道面为界，靠近近极的一面称为近极面，靠近远极的一面称为远极面。除了少数花粉粒不能辨别极性，大多数花粉粒具有明显的极性。根据萌发孔等的排列和形态可以在单花粉粒上识别赤道面和极面的位置。在具有极性的花粉中，可以分为等极、亚等极和异极三种花粉类型：①在等极花粉粒上，近极面和远极面是相同的，如蔷薇科和十字花科植物的花粉等；②亚等极花粉粒的近极面和远极面稍有不同；③异极花粉粒近极面和远极面相差很大，如单沟花粉。

（三）花粉粒的萌发孔（Aperture）

花粉粒可以分为两种类型：①无萌发孔，即在花粉粒上不具萌发孔，如毛茛科黄三七（*Souliea vaginata*）；②具萌发孔，大多数花粉属于这一类型。

萌发孔是指花粉粒外壁上形成的较薄区域，通常是花粉萌发时花粉管伸出来的开口。萌发孔的形状、结构、位置、数目及大小往往因科属不同而存在着很大的差异，即使是同属不同种的花粉之间，也会有所变化，如马先蒿属（*Pedicularis*）、银莲花属（*Anemone*）、蓼属（*Polygonum*）等。但是，有些科中的各属花粉的萌发孔却非常接近，如禾本科（Poaceae）、藜科（Chenopodiaceae）和伞形科（Apiaceae）等。

在国内外的相关文献上，对萌发孔的形态描述术语常常会出现许多不一致的现象。即使是同一术语，各人所赋予的意义也不尽相同，甚至同一作者在前后不同时期出版的著作中也常有改动。本书所采用的有关萌发孔的专门术语，是基于我们过去十几年的工作经验，并参考了国内外的相关文献，本着简单易懂的原则进行系统修订，形成的花粉形态术语的标准。

萌发孔一般分为两种类型：①孔——短萌发孔，指长轴为短轴的2倍或更小，或为圆形；②沟——长萌发孔，指长轴为短轴的2倍以上。由此可见，沟和孔的区分也是人为的。

萌发孔的位置，可以分为三种情况：①极面分布的萌发孔，分布在远极面或近极面；②赤道面分布的萌发孔，若是沟，其长轴往往与赤道垂直；③球面分布的萌发孔，萌发孔散布于整个花粉粒上。无论沟或孔，都存在这三种分布类型。依据其萌发孔分布的位置，我们将其分别命名：①远极沟，如很多裸子植物及单子叶植物的具沟花粉；远极孔，如禾本科植物的花粉。近极萌发孔仅在蕨类及苔藓类植物的孢子中出现。②赤道沟或赤道孔，是双子叶植物的主要花粉类型，赤道可以不必特别标明。③散沟，马齿苋科马齿苋属（*Portulaca*）植物的花粉；散孔，如藜科（Chenopodiaceae）植物的花粉。如果花粉的极性不能判断时，可一律称为孔或沟。

在具复式萌发孔的花粉粒上，在沟的中央部分，往往具一个圆形或椭圆形的内孔，这种花粉称为具孔沟花粉，极少数花粉每个沟具 2 个内孔。有的内孔是长的，如果平行于赤道方向伸长的，称为横长，这样的内孔有时呈沟状；如果内孔向垂直赤道的方向伸长，称为纵长。

盖住沟或孔的外壁部分，称为沟膜或孔膜。如果膜的厚度与非萌发孔的外壁厚度相等，即形成盖。

在有些植物的花粉粒上，会形成一个到数个螺旋形的萌发孔，称为螺旋形萌发孔，这可能是沟的一种变形，如谷精草科谷精草属（*Eriocaulon*）植物的花粉。此外，还有一种萌发孔为环状，称为环形萌发孔，如睡莲科睡莲属（*Nymphaea*）植物的花粉。

有时花粉沟的末端可以在极面上相连接，形成合沟。如果沟的末端在极面上先分枝，以分枝相连接，在极部留下一个没有沟通过的区域，这种情形称为副合沟，在桃金娘科（Myrtaceae）、马先蒿属（*Pedicularis*）植物的某些花粉中会出现。

此外，有时遇见花粉粒上的萌发孔不典型，孔、沟或孔沟不明显，可以在前面冠以"拟"字，如拟孔、拟沟和拟孔沟等。

（四）花粉粒的外壁构造

花粉粒经酸或碱处理后，花粉粒内部的营养物质及柔软的内壁都会被溶解掉，留下来的只有花粉的外壁。花粉外壁通常又分为（外壁）外层和（外壁）内层。内层是同质的，没有说明结构，至少在一般光学显微镜下看不到细微的结构。但是，在扫描电子显微镜下，有些花粉的内层里面还有一层（底层），是有层次结构的。外层主要是由鼓槌状的基柱（头状有柄）组成。基柱可以分为两部分，即头部和柱状的棒，着生于内层。由于基柱和基柱的头部合并的情形不同，可以形成各种不同的图案，如基柱侧面连生时，可以组成条纹，也可形成网状、脑纹状等图案。如果头部合并，形成具覆盖层的花粉，即在基柱上面形成一层，不能分出基柱头部，但棒却是分开的。

花粉粒表面光滑或呈波浪形，在有的花粉粒上还具有各种雕纹，如小刺、瘤、颗粒等，形成各种各样的雕纹。在光学显微镜下，花粉粒表面雕纹分子形成的图案称为雕纹，覆盖层下柱状分子形成的图案称为肌理，在表面雕纹或肌理不能区分时一律称为纹理。在扫描电子显微镜下，只能显出表面结构，而覆盖层内的结构却不能显示出来。我们将花粉的雕纹分为以下 9 种。

（1）颗粒状雕纹：花粉粒表面具颗粒，颗粒的大小可以有变化。

（2）瘤状雕纹：圆头状凸起，最大宽度大于高度。

（3）条纹状雕纹：雕纹成为相互平行的条纹，由基柱或基柱的头部侧面连接所形成。

（4）棒状雕纹：雕纹分子圆头，高度大于最大宽度。

（5）刺状雕纹：具刺或小刺，末端尖或钝，但基部的宽度比末端的宽度大得多。

（6）脑纹状雕纹：雕纹形成弯曲的线条，犹如脑皱状。

（7）穴状雕纹：花粉粒表面具凹进去的穴。

（8）网状雕纹：基柱连接形成各种大小网状雕纹。网由网脊和网眼组成，网眼及包围它的一半网脊形成一个网胞。网脊有宽窄，网眼的大小及形状也有很大的变化。

（9）负网状雕纹：相对于网脊的部分凹进去，网眼的部分凸出来。

（五）花粉粒的形态和大小

花粉粒是立体的。只有在显微镜下，通过观察活动片，将花粉放在甘油里"打滚"，才能观察到花粉的具体形态。在有了一定显微镜操作经验后，可以通过观察不同位置的花粉粒，以及不同倍数的花粉粒形状来判断花粉粒的立体形态。由于花粉的形态会因为制片方法不同产生较大的差异，因此，等极划分过细不切合实际，也没有意义。

根据极轴和赤道轴的比例关系，一般将花粉粒从超长球型到超扁球形分为五个级别（表 1-1）。

表 1-1　花粉粒形态的划分标准（王伏雄等，1995）

序号	形状	极轴：赤道轴	比值
1	超长球形	>8 : 4	>2.00
2	长球形	8 : 4～8 : 7	2.00～1.14
3	近球形	8 : 7～7 : 8	1.14～0.88
4	扁球形	7 : 8～4 : 8	0.88～0.50
5	超扁球形	<4 : 8	<0.50

极轴与赤道轴相等或相差很小时，可称为球形或圆球形。

在显微镜下观察时，往往会遇见花粉粒处于极面、赤道面或斜面的位置，分别描述为极面观或赤道面观是非常有必要的。极面观可分为：①圆形；②3,4,5- 多角形；③钝 3,4,5- 多角形；④ 3,4,5- 多裂片状。赤道面观可分为：①圆形；②宽椭圆形（极轴短于赤道轴）；③窄椭圆形（极轴长于赤道轴）。

此外，化石孢粉由于长期处于高压之下，往往被压扁而呈现出不同的轮廓，其极面观主要有圆形、三角形、四边形、五边形、六边形、其他多边形、圆三角形、钝四边形、钝五边形、钝六边形、其他钝多边形，以及三裂圆形、四裂圆形、五裂圆形等形态。

花粉粒的大小变化幅度很大，最小的花粉粒，其最大直径小于10微米，如已知最小的现代植物花粉是紫草科勿忘我属（*Myosotis*）植物的花粉，大小为 5×2.4 微米；而最大的花粉粒直径则在 200 微米以上，如葫芦科南瓜（*Cucurbita moschata*）的花粉。将花粉大小分成各种等极似乎是没有必要的。因此，在本书中，我们对每一种花粉测量了 20 粒左右，并附上了花粉粒的大小范围及其平均值。

（六）裸子植物花粉的形态特征

裸子植物花粉形态主要有以下五个类型。

（1）松型花粉：花粉具有一个椭圆形的本体，本体两侧各有一个近圆形的气囊。松型花粉是裸子植物中结构、构造最复杂的一个类型。松型花粉除了松科的松属，还有云杉属（*Picea*）、冷杉属（*Abies*）、油杉属（*Keteleeria*），以及罗汉松科（Podocarpaceae）的花粉。

（2）苏铁型花粉：花粉粒呈纺锤形，具单沟，表面光滑，如苏铁科（Cycadaceae）和银杏科（Ginkgoaceae）植物的花粉。

（3）杉型花粉：花粉粒呈圆形，远极面上具有一个乳头状的凸起，如杉科（Taxodiaceae）植物的花粉。

（4）柏型花粉：花粉粒呈圆形，外壁不具明显的萌发器官，常见有一个薄壁区，如柏科（Cupressaceae）植物的花粉。

（5）麻黄型花粉：花粉粒呈椭圆形，外壁具有多条纵肋和纵沟，如麻黄科（Ephedraceae）植物的花粉。

（七）被子植物的花粉类型

被子植物是植物界中最高等、种类最多、分布最广、适应性最强的大型植物类群，共有 20 多万种，占植物界总数的一半以上。因此，被子植物的花粉形态也多姿多彩，现将其形态特征简单归纳如下。

1. 单粒花粉

花粉粒在成熟时单独存在的称为单粒花粉，大多数植物的花粉属于这一类型。单粒花粉的基本形态可分为以下 18 种。

（1）无孔沟类型：花粉粒没有孔和沟构造的花粉，如杨属（*Populus*）植物的花粉。

（2）具螺旋状沟类型：花粉粒表面只有一个螺旋状的沟，如小檗科（Berberidaceae）和谷精草科（Eriocaulaceae）植物的花粉。

（3）具环沟类型：沟在花粉粒表面连成环，如睡莲科（Nymphaeaceae）植物的花粉。

（4）具单孔类型：花粉粒表面具有一个孔，如禾本科（Poaceae）植物的花粉。

（5）具单沟类型：花粉粒表面具一条沟，如百合科（Liliaceae）植物的花粉。

（6）具两孔类型：两个孔均匀地分布在花粉粒的赤道面上，如桑科（Moraceae）植物的花粉。

（7）具两沟类型：两沟平行或垂直于赤道面分布，此种花粉类型少见，如棕榈科省藤属（*Calamus*）植物的花粉。

（8）具两孔沟类型：两个孔沟垂直或平行于赤道面分布，此种花粉少见，如爵床科鸭嘴花属（*Adhatoda*）植物的花粉。

（9）具三孔类型：三孔在赤道面上均匀分布，如桦木科

（Betulaceae）植物的花粉、胡桃科山核桃属（*Carya*）植物的花粉。

（10）具三沟类型：三条沟均匀地垂直赤道面分布，如壳斗科栎属（*Quercus*）植物的花粉。

（11）具三孔沟类型：在花粉粒的赤道面上均匀地分布着三个孔沟，如壳斗科栗属（*Castanea*）植物的花粉。

（12）具四异孔类型：花粉粒在赤道面上均匀地分布着三个小孔，而在远极面上分布一个大孔，如莎草科（Cyperaceae）植物的花粉。

（13）具多孔类型：在花粉粒的赤道面上均匀地分布着三个以上的孔，如胡桃科胡桃属（*Juglans*）、枫杨属（*Pterocarya*）植物的花粉。

（14）具多沟类型：在花粉粒的赤道面上均匀地分布着三个以上的沟，如唇形科（Lamiaceae）植物的花粉。

（15）具散孔类型：在花粉粒的表面均匀地分布着不定数目的孔，如藜科（Chenopodiaceae）植物的花粉。

（16）具散沟类型：不定数目的沟分布在花粉粒表面上，如马齿苋科（Portulacaceae）植物的花粉。

（17）具多孔沟类型：花粉粒赤道面上分布着三个以上的孔沟，以四孔沟的花粉常见，如夹竹桃科鸡骨常山属（*Alstonia*）植物的花粉。

（18）具散孔沟类型：孔沟分布于花粉粒球面上，如蓼科酸模属（*Rumex*）植物的花粉。

2. 复合花粉

两个或两个以上花粉集合在一起的称为复合花粉。根据组成花粉粒的个数，可以分成 2 合、4 合、16 合、32 合花粉等。其中，2 合花粉仅见于芝菜科芝菜属（*Scheuchzeria*）植物，4 合花粉常见于杜鹃科（Ericaeae）植物，16 合或 32 合花粉常见豆科含羞草属（*Mimosa*）植物、合欢属（*Albizia*）植物。

此外，还有一些花粉粒集合在一起，形成花粉团块，如兰科（Orchidaceae）植物、萝藦科（Asclepiadaceae）植物的花粉。

（八）花粉粒的描述和拍照

花粉粒的描述一般按照其形态、大小、萌发孔和外壁雕纹的顺序进行。本书所采用的金花茶花粉标本，均经过相关专家的鉴定，所有标本均在广西防城金花茶国家级自然保护区内由保护区的工作人员现场采集，采用时间自 2019—2020 年，前后跨度约 2 年。

选用日立 Flex SEM1000 II 扫描电子显微镜对金花茶花粉进行观察和拍照，一般轮廓照片放大 650 ～ 3 200 倍，外壁细节照片放大 6 500 ～ 10 000 倍。运用扫描电子显微镜自带系统对拍照的金花茶花粉进行测量，平均每种金花茶花粉测量 20 粒左右。

（九）我国花粉形态学研究现状

花粉形态学是孢粉学研究的重要基础，决定着花粉鉴定的准确度与花粉数据的质量。我国现代花粉形态学的研究，最早是在中国科学院植物研究所王伏雄院士的领导下开展的，并取得了一系列的研究成果，如《中国植物花粉形态》（1960 年第一版，1995 年第二版）、《中国蕨类植物孢子形态》和《中国热带亚热带被子植物花粉形态》等，为化石孢粉学的开展奠定了重要基础。后来，随着老一辈孢粉工作者的相继退休，中国有关花粉形态学的研究力量曾一度被削弱。孢粉学会曾呼吁学术界注重孢粉形态学方面的工作，保持研究的连续性，以满足不断更新的孢粉学研究的需要。这些年，虽然有很多新的研究成果问世，如安徽省皖南山区（周忠泽，2009）和大别山区（罗劲松和周忠泽，2012）的植物花粉形态学研究等。同时，一些重要的孢粉形态学专著，如《中国第四纪孢粉图鉴》《中国木本植物花粉电镜扫描图志》《中国常见栽培植物花粉形态——地层中寻找人类痕迹之借鉴》和《中国气传及致敏花粉》等，也相继出版。但是，相对于我国301科3 408属31 142种植物来说，其花粉形态学研究的数量极其有限（据不完全统计，仅有2 000余种，300余属；毛礼米，2017），我国的花粉形态学研究任重道远。

三、孢粉的应用领域

孢粉学是植物学科的重要分支，作为一门新兴的边缘学科，被广泛应用于地质学、生物学、地球科学、环境科学、现代医学、刑侦学、营养学等诸多领域。

（一）地层孢粉学

植物界都遵循由低级到高级不可逆转的进化过程，也就是说，不同的地质时代对应着与之进化对应的特定植物群。据此，可以通过孢粉分析结果，确定沉积年代，从而进行地层对比，并形成地层学与孢粉学相结合的交叉学科——地层孢粉学。

我国孢粉学的起始与发展，在很长一段时期里都是与国家的经济建设紧密地联系在一起的。地层孢粉学最初作为地质调查、石油和煤炭勘探中地层对比的有效手段，在全国各大油区、各相关地质部门得到广泛的运用和推广。随着不同地区地层孢粉序列的建立，给地层勘探工作带来了极大的便利，现在许多油田的地层资料，大多都沿用了当初根据孢粉资料所建立的地层层序。中国地层孢粉学从最初的对局部地区地层的零星报道，逐渐发展到对一个区域乃至全国性的归纳与总结（王伟铭，2009）。

（二）第四纪孢粉学

基于"将今论古"的思想，假定同类植物在地质历史时期的生态要求大体与现今一致，据此运用孢粉分析来推断沉积时期的古气候、古地理及应用于古生态、古群落等的研究。但是，该研究方法不能运用于太古老的地层，一般用于新生代，特别是第四纪。第四纪孢粉学主要基于孢粉学研究，恢复和重建第四纪以来的植被演变史、气候变化及其发展趋势，兼顾年代地层学和环境考古学，特别是人类诞生以来的气候变迁及气候对于人类演化和历史演进的影响，广泛应用于地质学、古生态学、古地理学、过去全球变化等领域。

随着全球变化研究的不断深入，中国第四纪孢粉学研究已取得了长足的发展。特别是在植物属种鉴定的精度上已经大大提高，在时间序列上的分辨率和孢粉纵向变化和多数据综合划带方面也有了很大的进展，利用孢粉对区域环境的古植被定量重建和 Biome 的模拟也渐趋成熟，使得孢粉学不仅在古植被和古气候领域占有优势，同时在生物多样性保护、生态恢复等方面也开始产生影响。唐领余等人（2016）收集整理了我国西北、北方、东南、华南和西南五个大区域的第四纪主要孢粉类型、特点及常见孢粉种类的鉴定形态特征资料，出版了《中国第四纪孢粉图鉴》，堪称第四纪孢粉学研究历史中具有里程碑意义的工具书。

（三）考古孢粉学

孢粉学作为探讨古人类生活行为特征及自然环境特征的重要手段，可以为考古遗址提供气候、植被等自然背景信息，随着孢粉学在环境考古等方面研究越来越广泛的应用，逐渐形成了一个孢粉学分支学科——考古孢粉学。

1963 年，周昆叔对西安半坡遗址进行了系统的孢粉分析；之后，徐仁等人相继开展对中国猿人及古代先民的生存环境研究，开启了我国考古孢粉学的先河。孢粉分析可以揭示中国历史时期先民经济生活、食物结构、环境演化与古文化演进，为人类文化兴衰史研究提供自然环境背景资料。随后，又拓展了植硅体、淀粉粒在环境考古中的应用，我国有关原始农作物起源和先民食物结构的研究走在国际前列。中国环境考古专业委员会于 1994 年成立，每次会议都有很多包括植硅体、淀粉粒、硅藻在内的孢粉学研究最新进展汇报，进一步推动了对人类起源、农业起源和文明起源等热点的研究（孔昭宸等，2018）。

（四）石油孢粉学

在石油勘探中，大型化石不仅难以找到，而且易被粉碎，很难被完整地保存下来。孢粉相较其他微体化石，具有数量大、体积小、保存完美、分布广泛等特点。因此，从原油分离出来的孢粉，可以指示石油生成的地层年代；根据孢粉母体植物的生态环境，探讨石油形成的环境背景；根据残存在石油中的孢粉化石，追踪石油运移的通道、相态、方向及路线等迁移过程；分析并计算石油中孢粉与海相化石的比值变化，揭示石油形成的地点及层位；根据孢粉的颜色来推断石油的成熟度；同时，基于石油中丰富的孢粉化石遗存，为干酪根热降生油、生烃潜力、石油有机成因理论等提供了重要的佐证，并逐渐形成了一个孢粉学重要分支——石油孢粉学。

可见，孢粉分析在石油地质中的应用前景十分广阔，未来石油地质中孢粉分析的应用将为我国油气勘探提供更多的理论支撑。

（五）花粉刑侦学

不同的植物具有不同的花粉形态，因此，花粉证据堪称"花粉指纹"，成为破解谜案的重要工具。特别是在犯罪现场获取的花粉，可以作为寻找罪犯、判定第一现场和确定作案地点的重要线索，甚至作为定罪的重要证据。现在已经形成一门行之有效的孢粉学与法医学交叉的学科——花粉刑侦学。

花粉之所以能成为追捕罪犯的一个有效途径，是因为它无处不在。不同的自然环境，生长着不同的植被类型，也就会出现不同形态的"花粉指纹"。据此，可以通过分析疑犯身上的花粉组合特征，判断所属植被类型，特别是特定区域特有植物的"花粉指纹"，缩小侦查范围，并依据花粉线索来"定位"，从而找出第一现场和确定作案地点。同样，不同植物的花期也不尽相同，可以通过受害者和犯罪嫌疑人身上携带的花粉证据，鉴定出对应的植物，并根据这些植物开花时间，确定凶手的作案时间和受害者的死亡时间。通过花粉破案的成功范例不胜枚举，特别是在一些多年的悬案、谜案中，一些关键证据（如 DNA、指纹等）的缺失，使得一切线索中断，案情推进一筹莫展的时候，显微镜下几颗小小的花粉却会准确地告诉你谁才是真正的凶手。

（六）海洋孢粉学

与陆相沉积物相比，海洋沉积物通常能够提供年代更长、连续性更好、较少受到扰动、分辨率更高的孢粉记录。因此，海洋孢粉学作为孢粉学领域一个重要的新兴分支学科，越来越受到更多的重视，获得了进一步发展。

20 世纪 70 年代以来，中国沿海及大陆架区开展系统的地质调查与资源勘探。为实现海陆地层对比，我国海洋孢粉学得到迅猛发展，同济大学海洋地质系、国家海洋局、地质矿产部、中国科学院等所属的海洋研究所，先后组建孢粉实验室，对东海、渤海、黄海、南海区域的陆架、浅海沉积物进行孢粉学（包括沟鞭藻类、淡水藻类、植硅体、有孔虫内衬等）研究。其中，同济大学王开发教授不仅开展了海洋表层及浅海钻孔沉积物孢粉研究，还培养出很多现今正活跃在孢粉学界的优秀学者（孔昭宸等，2018）。

随着我国综合国力的增强，特别是 1999 年春，以汪品先院士为首席科学家的大洋钻探计划 184 航次（ODP 184）在中国南海成功实施，这是第一次由中国人设计和主持的大洋钻探航次，实现了中国海域大洋钻探零的突破。大洋钻探船"决心号"ODP 184 航次在南海海域进行了 2 个月的钻探考察，在南海海域 6 个站位共获取了 17 个百万年以上的深海钻孔样品，水深 2 038 ～ 3 294 米，开拓了我国深海孢粉学研究的空间。高分辨率的深海钻孔孢粉记录，结合海洋表层沉积物的孢粉现代过程研究结果，恢复和重建了南海周边地区长达百万年的古植被、古气候及古季风的演化历史，使得我国海洋孢粉学在长周期植被变化历史对地球轨道及亚轨道周期变化的响应机制等研究，达到了国际先进水平（孙湘君等，2003）。

2014 年，"决心号"再次来到南海，执行由我国科学家主持的第二次南海大洋钻探 IODP 349 航次。2017 年，由我国科学家主导的第三次南海大洋钻探 IODP 367、368 航次顺利实施，为我国深海孢粉学的发展带来了新的发展机遇。

（七）空气孢粉学

空气孢粉学的研究最早开始于医学，主要研究空气中的孢粉含量、种类调查、传播规律，特别是和人类息息相关的致敏性孢粉浓度高峰出现的频率，揭示空气中孢粉对环境和人类造成的危害，为及时准确进行孢粉浓度预报、净化空气、消除环境污染等提供数据支持。特别是近年来，在特定气候条件与人类活动相互作用下产生的雾霾天气，引起了广泛关注。大多数孢粉的直径 10 ～ 100 微米，大于雾霾颗粒物（PM 2.5）的直径。通过空气孢粉学研究，厘清孢粉与雾霾颗粒物在空气中的漂浮及沉降机制，为雾霾的治理提供新的参考依据。众所周知，空气中的致敏性孢粉是花粉过敏症患病的元凶，通过监测空气中的孢粉数量和种类，厘清过敏性花粉爆发的频率和周期，揭示过敏花粉数量（或浓度）变化与气候的对应关系，建立和健全花粉气象指数的及时预报，为综合防治孢粉过敏症提供新的基础数据。大多数空气孢粉学工作出自从医人员之手，前后有不少相关出版物面世，其中《中国气传花粉和植物彩色图谱》（乔秉善，2005）较具代表性。

（八）花粉营养学

花粉营养学是近些年才兴起的学科，是指通过对花粉本身的营养成分进行分析，并探讨对其有机质壁的破碎方法等的研究，为人类食品提供重要的微量元素及有机化合物补充的一门新兴学科。

花粉是花的雄性配子体，是植物生命的精华。花粉虽小，但营养丰富，几乎含有自然界的全部营养因素，有"微型营养库"的美誉，是人类天然食品中的瑰宝，被营养学界称为"世界上唯一的完美食品"。据同济大学王开发教授（1985；2009；2010）的研究，花粉中氨基酸含量为同等重量的牛肉、鸡蛋和干酪的5～7倍，甚至某些氨基酸的含量超过公认的高档营养品蜂王浆。花粉的蛋白质含量一般为7%～40%，平均为20%，不同种类的花粉，其蛋白质含量也不一样。花粉中的糖类、淀粉和维生素等碳水化合物的含量为25%～48%。维生素的种类与蜂王浆相同，含量要较少一些。花粉中保存着天然转化酶、淀粉酶、氧化酶、磷酸酶、催化酶及各种辅酶类，使得其具有强大的抗衰老和恢复青春活力的功效。此外，花粉还含有多种维生素和铁、锌、镁、钾等十几种人体不可或缺的微量元素，具有调节血糖、预防心血管疾病、调节神经系统平衡、促进内分泌腺体发育、抑制前列腺增生、消除疲劳、降低化疗辐射损害、促进消化、护肝、健美肌肤、促进造血、调节体内代谢和内分泌，提高人体的免疫力和抵抗力等诸多功能。不同的花粉具有不同的医疗保健功效，可以针对患者实际，选择适宜的花粉品种辅助治疗，会起到事半功倍的效果。不同花粉的具体疗效，本书不做赘述。蜂花粉营养成分非常丰富，在进行花粉产品开发和利用时，存在是否对花粉进行破壁处理的问题。所谓"破壁"，就是通过物理和生物的方法对花粉的细胞壁及其萌发孔进行整体破坏或仅破坏萌发孔的闭锁点进行破壁处理。花粉破壁研究发现（如赵霖和鲍善芬，2001；沈志燕等，2020）天然花粉经破壁处理后，有效促进了花粉中营养物质的释放，但因花粉所含脂类大多为不饱和脂肪酸，极易氧化，因此，经破壁处理的花粉无法长时间贮存。

我国是世界养蜂大国，蜂群数量达 700 多万群，花粉年产量约 1 500 吨，居世界首位。花粉产量巨大，且年复一年地生产，花粉资源可以说是取之不尽、用之不竭的财富，其开发与利用不需要昂贵的设备，直接利用蜜蜂采集花粉，或花粉采集器就可以完成花粉的采收。如何合理开发利用我国的花粉资源，开发更多的花粉保健产品，是非常值得孢粉学家去研究的课题。随着人们生活水平的提高，花粉作为一种营养保健品已经走进人们的生活。此外，花粉作为原料已经广泛应用于食品工业、营养保健、医药卫生、护肤美容等多个领域，花粉资源具有更广阔的市场前景和巨大的潜在价值。

限于篇幅，本书只简单介绍了上述几种孢粉学应用领域，孢粉学的应用领域还有很多，如主要通过分析蜂蜜中的花粉及比较蜜源植物花粉形态确认蜂蜜的来源、产地和种类等而诞生的蜂蜜孢粉学；从动物粪化石便中提取孢粉，用以研究动物（特别是食草、半食草动物）或古人类的生活食性、居住环境及古植被面貌，重建食草动物的规模，寻找食草动物与食肉动物间食物链的组成等的粪便孢粉学；通过定期收集一定农作物面积的空气孢粉，根据收集作物花粉数量的突然增加或减少，来预测农作物的大小年收成（丰收或歉收）的农业孢粉学等。事实上，随着学科交叉的深入，孢粉学作为新兴的边缘学科，其应用领域还在不断的发展和更新中，孢粉学未来的道路将会越来越广阔。

四、孢粉学研究方法

（一）孢粉野外采样方法

1. 现代过程研究

（1）现代花粉雨监测。

选择典型植被类型进行系统的植被调查，然后布置 Tauber 型花粉捕获器，以半年或一年为时间间隔，收集自然沉降的花粉雨，开展系统的现代花粉监测研究。

（2）花粉现代过程研究。

采集表土或苔藓孢粉样品，得出现代典型植物群落的孢粉组合特征，并结合 Tauber 型花粉捕捉器的监测结果，建立现代植被的"花粉—植被"的定量关系，为正确解释地层花粉组合，定量还原古植被、古气候和古环境提供数据支撑。

2. 沉积记录研究

选取天然露头（剖面），或进行人工探槽、钻孔作业获得沉积物孢粉样品。采样要注意防止污染：天然露头（剖面）要注意保证样品的纯度，除去表面风化的部分，还要操作规范，注意避免现代花粉的混入，采集新鲜面上的样品；人工探槽或钻孔岩心样品，特别要注意采集的顺序，采样应自下而上，避免样品交叉污染。采样时，要对所采天然露头（剖面）、探槽或钻孔进行系统的观察和描述，并绘制采样位置图，对采集样品进行统一编号，每一个采样袋填写一个标签，标签要注明所采层位、采集日期、采集人、采样地点等信息。采集的样品要及时归类、装箱，注意防潮，箱内外均附上样品清单、采集样品的剖面图等资料。

（二）现代花粉实验室提取方法

1. 现代花粉标本制作

（1）花粉标本采集。

准备好镊子、离心管和记录本等采样工具，对采集的花粉标本进行编号登记，将植物的拉丁学名、中文名称、产地、采样人、采样日期、鉴定者姓名等项目填写完整，统一放入采样纸袋。尽量采集即将开放的花苞，如果花苞过小，花粉可能发育不完全；已经开放过的花苞，花粉可能会散失，同时，也可能会被昆虫、风等传播污染。可以事先选择好待开的花苞，用纸袋扎好，等花朵打开，就可以解开纸袋，采集花粉标本。

（2）冰醋酸处理。

将采集的新鲜花粉装入 15 毫升塑料离心管中，加冰醋酸浸泡 2 天。

（3）混合液处理。

离心机离心后，倒出冰醋酸，加入刚刚配制的浓硫酸：乙酸酐（1：9）混合液（因为乙酸酐易挥发，最好现用现配），然后将离心管放入水浴锅 65℃加热 30 分钟左右，等到颜色变成深褐色为止。

（4）乙醇去水处理。

离心机离心后，除去混合液，并加纯净水清洗 5 遍左右，直到将混合液全部洗净为止；将清洗好的样品，再加入无水乙醇，离心 1 ~ 2 次，将样品中的水分去除即可；最后将样品转移至 5 毫升的小离心管，加入甘油封存，也可加入适量叔丁醇、苯酚，以备后期显微镜下拍照。

2. 现代苔藓样品处理

（1）碱处理。

称取好干重（纯苔藓 2 克左右，土多的苔藓 10 克左右）的苔藓样品，放到烧杯中，各烧杯分别加入 1 粒石松孢子，加适量水进行润湿，加入氢氧化钾和纯净水充分反应（反应剧烈，"冒烟"：氢氧化钾与纤维素反应），用干净玻璃棒搅拌均匀，搅拌均匀后可将通风橱关闭，静置 10 小时，将烧杯中的杂质去除（具体操作：将苔藓水分用玻璃棒挤干，苔藓渣不要，留溶液），加水静置 3 小时以上，换水 3 ~ 5 次（用纯净水洗至中性）。

（2）盐酸处理。

加入盐酸 100 毫升左右（视反应程度来定，冒泡多就多加一点），用干净玻璃棒搅拌均匀，使其充分反应，静置 3 小时以上，换水 3 ~ 5 次（用纯净水洗至中性）。

（3）氢氟酸处理。

氢氟酸的打开方式：左手定住瓶身，右手用铁棒或镊子撬开瓶盖，撬动一处后，可移动角度再撬开另一处（注：所有操作都须在通风橱下进行）。加入氢氟酸充分反应，每静置 12 小时用亚克力棒搅拌一下，共静置 2 天，用纯净水洗至中性。

（4）超声波过筛。

将样品用超声波过 7 微米或 10 微米尼龙筛，转移至 5 毫升的离心管中，离心保存，以备显微镜下观察。

（三）化石花粉实验室提取方法

1. 重液浮选法

（1）重液配制。

孢粉的比重一般认为在 1.81 ～ 1.96 之间，而矿物的比重均在 2.0 以上，考虑到样品中含有一定量的水，故配制的重液比重在 2.05 ～ 2.10 之间即可。一般选用氢碘酸（HI）、碘化钾（KI）和锌粒（Zn）反应来配制，根据实验经验，其一般比例为 650 毫升：660 克：140 克。

（2）氢氧化钾加热处理。

加入氢氧化钾，并在水浴锅或电炉加热，搅拌，使之与样品中的纤维素充分反应，静置 10 小时，换水 3 ～ 5 次（用纯净水洗至中性）。

（3）盐酸处理。

加入盐酸充分反应，静置 5 小时，换水 6 ～ 8 次（用纯净水洗至中性）。

（4）氢氟酸处理。

加入氢氟酸充分反应，每静置 5 小时用亚克力棒搅拌一下，共静置 2 天，换水 6 ～ 8 次（用纯净水洗至中性）。

（5）重液浮选。

轻轻将样品中的水分倒掉，加入新配制的重液，充分搅拌，再用离心机离心，将离心后样品上部的液体倒入空的烧杯中；再倒入重液，重新离心，一般重液浮选 2 ～ 3 次。向装有重液浮选液体的烧杯中加入适量纯净水，搅拌，加冰醋酸去除絮状物；静置 5 小时后吸去上部清液，将底部混合液倒入 15 毫升离心管中进行离心，最后将样品转移至 5 毫升的离心管中，离心保存，以备显微镜下观察。

2. 超声波过筛法

（1）盐酸处理。

加入盐酸充分反应，静置 5 小时，换水 6 ～ 8 次（用纯净水洗至中性）；盐酸用量要根据样品反应程度来定，如果反应剧烈（即有大量气泡产生），可多加一些量；但整体用量一般在 200 毫升左右，即样品用量的 2 ～ 3 倍。

（2）氢氟酸处理。

加入氢氟酸充分反应，每静置 5 小时用亚克力棒搅拌一下，共静置 2 天，换水 6 ～ 8 次（用纯净水洗至中性）。氢氟酸用量一般在 200 毫升左右，即样品用量的 2 ～ 3 倍，但要具体样品具体对待，如果是一些特殊样品，需要增加用量。

注意：特殊样品，即样品经过整个化学处理后，仍有大量沉积物未完全反应，需重新进行盐酸、氢氟酸处理，即重新再走一次实验流程。实验前处理间见图 1–3。

（3）超声波过筛。

将样品用超声波过 7 微米或 10 微米尼龙筛，再转移至 5 毫升的离心管中，离心保存，以备显微镜下观察。

图 1-3　南宁师范大学孢粉实验室前处理间

温馨提示：

　　实验操作，安全第一，必须戴防酸手套、戴口罩、穿实验服（白大褂），所有化学实验必须在通风橱内进行。

五、光学生物显微镜制片方法

　　制片是孢粉分析的最后一道工序，片子制作的好坏，直接影响到显微镜拍摄的质量、花粉的鉴定及能否永久保存等。现就目前孢粉分析中常用的活动片和固定片的基本制片流程介绍如下。

（一）活动片制作

　　为了更好地观察显微镜下不同角度的花粉，一般制作活动片。取适量甘油滴在载玻片上，用小玻璃棒充分搅拌经实验室提纯富集花粉的 5 毫升离心管，蘸取适量花粉涂抹在甘油上面，盖上玻片，即可放到载玻台上进行显微镜观察。观察目镜的倍数由低到高，即从 100 倍到 200 倍再到 400 倍。极个别花粉需要放大 1000 倍的，要先给玻片滴镜油（如松节油等），进行油镜观察。

活动片观察的好处是可以随时拨动盖玻片，观察花粉的不同面，有助于更加细致地观察花粉的萌发器官，准确鉴定出花粉。不足之处是花粉不能长期保存。

（二）固定片制作

顾名思义，固定片是指制作可以长期保存、且花粉固定在玻片的位置及状态不能更改的可供长期观察的玻片样品。

（1）甘油胶的制作。

甘油胶的主要原料是甘油和生物明胶，常用的比例为生物明胶 7 克，甘油 30 克，蒸馏水 19 毫升。具体制作过程：先将生物明胶倒入装有蒸馏水的烧杯中进行 60℃水浴加热，等生物明胶完全溶化后，静置 2 小时，等胶化成稠胶后，加入甘油；继续在 60℃水浴下充分搅拌，约半小时后，加入几滴苯酚作防腐剂；最后经漏斗过滤，保存在培养皿中以备后用。

（2）制片。

将载玻片放在微型电热板上，用手术刀轻轻取适量甘油胶放在载玻片上，电热板加热至 60℃，等甘油胶溶化后，用小玻璃棒充分搅拌经实验室提纯富集花粉的小离心管，蘸取适量花粉均匀涂抹在溶化的甘油胶里，盖上玻片，关闭电热板，等甘油胶重新凝固，即可放到载玻台上进行显微镜观察（图 1-4）。为了防止甘油胶再次被溶化，可在盖玻片四周均匀涂抹指甲油进行固定，等完成显微镜鉴定后，将固定片统一装好，放到冰柜冷藏。

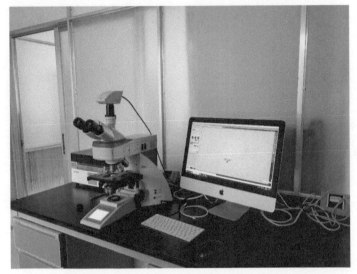

图 1-4　徕卡 /Leica DM6000 B 光学生物显微镜

六、扫描电子显微镜制备方法

（一）花粉材料的获取

扫描电子显微镜拍摄所需花粉材料的获取方法，与现代花粉标本采集方法基本一致。运用镊子、离心管和记录本等采样工具，选择健壮植株，采集含苞待放的花蕾，同时对所采花粉进行编号登记，将植物的拉丁学名、中文名称、产地和采样人、采样日期、鉴定者姓名等项目填写完整，统一放入采样纸袋。此外，还需对采集后的花粉标本进行进一步处理，即用消过毒的镊子去掉花瓣和花萼，只留花药部分，置于底部填满硅胶的干燥器里中低温保存，为后续试验备用。

（二）试验方法

（1）制样。

用镊子夹住花丝或花药，再用牙签轻轻触碰，将抖落的少量花粉均匀地撒在样品台的导电胶上，最后用洗耳球吹花粉，将花粉稳固地粘在导电胶上。

（2）喷金。

将样品台放入离子溅射仪中进行真空喷金实验，一般选择15秒左右即可。

（3）电子显微镜观察。

将喷过金的样品台送入 Flex SEM1000 Ⅱ 扫描电子显微镜的真空仓内（图1-5），对花粉进行观察、拍照并记录。工作电压一般为5千伏，观察花粉的极面、赤道面、表面纹饰，并使用电镜标尺分别测量花粉的极轴（P）、赤道轴（E）和花粉沟（孔）的长度（宽度），分别取其测量平均值（每种花粉测量20粒），并计算 P/E 值。

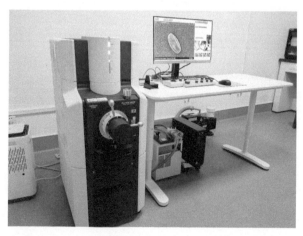

图1-5　日立 Flex SEM1000 Ⅱ 扫描电子显微镜

假如我变成了一朵金色花
为了好玩
长在树的高枝上
笑嘻嘻地在空中摇摆
又在新叶上跳舞
妈妈
你会认识我吗

——泰戈尔《金色花》

第二章

金花茶

金花茶作为唯——种开黄色花朵的山茶花品种，有着"茶族皇后""植物界的大熊猫"等美誉。本章就金花茶的发现过程、定名争议、地理分布、伴生群落结构、物种分类，以及金花茶花粉研究现状及其相关应用研究等，进行较为系统的阐述。

一、金花茶——传说中的花

《本草纲目·山茶》记载："山茶产南方。树生，高者丈许，枝干交加。叶颇似茶叶，而浓硬有棱，中阔头尖，面绿背淡。深冬开花，红瓣黄蕊。"金花茶作为一种极为美丽梦幻的山茶科植物，个头虽小（灌木或小乔木），但其明亮的金黄花色和肉而肥厚的蜡质花瓣，简直就像大自然精心制作的工艺品，显得极为耀眼夺目。而李时珍对山茶花色的描述仅为"红瓣黄蕊"，可见，李时珍本人并未见过黄色的山茶花。不过，他在遍阅典籍后，却坚信在南方山野，有可能存在能开出黄色花朵的山茶花。于是，他在"集解"中又引用明代曹昭撰写的《格古要论》中关于山茶花的记载："花有数种……或云亦有黄色者。"从"或云有"中可以初步推断金花茶在当时是鲜为人知的。也正是因为李时珍在《本草纲目》中这一段语焉不详的记述，让无数"植物猎人"跑断了腿。为了寻找黄色山茶花，无数植物采集者深入中国南方和东南亚的山野林间。

1843—1861 年，"史上最大的商业间谍"，曾潜入中国为英国政府和东印度公司偷取中国茶叶产业秘密的英国探险家和"植物猎人"罗伯特·福特尼（Robert Fortune）四次来华偷偷寻找黄色山茶花，先后历经20载，终其一生，也未能如愿。此后还有很多植物学者在亚洲的大小山林中寻觅，其中日本人津山最具传奇色彩。他为了寻找黄色山茶花，多次遇险，可谓九死一生，但仍以失败告终。于是，1947年，他将其冒险的传奇故事记录在《幻想的黄色山茶花历险记》中。可惜的是，一个世纪过去了，寻找黄色山茶花的美梦仍未成真。

直到1960年12月25日，广西药物研究所的植物学工作者黄逢生、吴欣芳，在广西邕宁县潭洛乡庚下山采到的一种开黄色花的山茶科植物标本（现保存在广西药物研究所标本室，模式标本17530号）。经我国著名植物学家胡先骕研究后，确认为山茶科连蕊茶属新物种，由于这种山茶的花色金黄，胡先骕为其取名为金花茶。1965年4月，胡先骕在《植物分类学报》正式发表了新物种"金花茶"（*Theopsis chrysantha* Hu），种加词chrysantha的意思是"黄色的花"。自此，多年来无数植物学者梦寐以求的茶花稀世珍品——开黄色花朵的山茶花——金花茶出现在人们的视野中，金花茶一举成名，震惊了世界园艺界。

金花茶的发现，为众多国内外园艺学家所注目。随着知名度不断地提高，金花茶受到海内外茶花爱好者的喜爱及育种单位的重视。特别是日本、澳大利亚和美国等国家先后对金花茶种质资源进行大量引进，并在育种和栽培方面上取得了一些突破。从此，金花茶成了园艺家手中的珍宝。

我国在1966年首次在云南昆明对金花茶进行引种栽培。随着引种成功，此后全国各省相继展开对金花茶广泛的引种栽培。截至目前，福建省三明市、漳平市和广东省梅州市、肇庆市等地已成功引种栽培。随着育苗栽培技术的日益成熟，金花茶产业化和规模化经营不断扩大，不仅推动经济发展，也有助于解决环境、就业等问题。

二、金花茶的定名与系统位置

金花茶组植物是山茶科家族中唯一具有金黄色花瓣的种类，是国家一级保护植物，具有极高的观赏价值、药用价值和科研价值，被称为"茶族皇后""植物界的大熊猫"。1965 年，由胡先骕教授将其命名为"金花茶"（*Theopsis chrysantha* Hu），后又由日本学者津山尚（1972）订正为 *Camellia chrysantha*（Hu）Tuyama。1991 年，中山大学的叶创兴和张宏达教授在翻阅文献资料时，惊喜地发现 1948 年戚经文先生发表的山茶属新种，经过仔细核查，确定戚先生的"新种"与胡先生的连蕊茶属"新种"，以及被日本学者修订的种名是同一个物种——金花茶。原来，早在 1933 年 7 月 29 日，中国植物学家左景烈曾在广西防城县大菉乡阿泄隘第一次发现了金花茶，并于 1948 年由我国植物学家戚经文正式命名为"亮叶离蕊茶"，学名为 *Camellia nitidissima* C. W. Chi。这份定名"亮叶离蕊茶"的模式标本的真身，竟然就是传说中的金花茶。也就是说，戚经文早年发表的亮叶离蕊茶，其实就是胡先骕发表的金花茶。根据国际植物命名法规的"优先律原则"，金花茶应该采用最早正式发表的符合命名法规的拉丁名称，即由戚经文先生鉴定的名称。因此，金花茶的学名被进一步订正为 *Camellia nitidissima* Chi。1998 年，《中国植物志》采用的金花茶学名就是 *Camellia nitidissima* Chi。但是，闵天禄和张文驹（1993）认为金花茶的拉丁名称应进一步更正为 *Camellia petelotii*

（Merrill）Sealy。但是，张宏达和叶创兴（1995）不同意闵天禄等的观点，唐绍清等人（2001）通过对 *Camellia nitidissima* Chi 和 *Camellia petelotii*（Merrill）Sealy 模式种的核糖体 DNA ITS 区序列进行分析，证明两者是相互独立的种。因此，目前大部分学者仍采用 *Camellia nitidissima* Chi 作为金花茶的拉丁学名。

金花茶在《中国植物志》的系统位置：

被子植物门 Angiospermae

双子叶植物纲 Dicotyledoneae

原始花被亚纲 Archichlamydeae

侧膜胎座目 Parietales

山茶亚目 Theineae

山茶科 Theaceae

山茶亚科 Theoideae

山茶族 Trib. Theeae

山茶属 *Camellia*

茶亚属 Subgen. Thea

金花茶组 Sect. Chrysantha Chang

金花茶系 Ser. Chrysanthae

三、地理分布与适生环境

金花茶属常绿灌木或小乔木，高 2～6 米，主要分布于中国广西南部、西南部地区，以及越南北部地区，地处亚热带南缘和热带北缘的热带季风气候区，气候特征为高温多雨、热量丰富、长夏无冬、春秋相连、海洋风盛行。其中，广西是金花茶组植物的现代地理分布中心。此外，还有少数金花茶种群分布于四川、云南和贵州等地。

金花茶原产地平均气温为 21.8 ～ 22.4℃，最冷月份平均气温为 13.0 ～ 14.8℃，最热月份平均气温为 27.6 ～ 28.5℃，极端高温为 40.4℃，极端低温为 –1.8℃，全年基本无霜日。金花茶生长的最适温度为 13 ～ 19℃，金花茶可短时间忍耐 –5.5℃低温。金花茶为喜暖热植物，属热带亚热带树种。金花茶多生长于土壤疏松排水良好的阴湿沟谷、林下溪旁，形成耐阴、喜湿、忌强光的特性。植被为北热带季雨林或南亚热带常绿阔叶林或次生林。金花茶天然种群主要分布在大戟科、桑科、五加科等乔灌木植物群落环境下。金花茶不耐强光，因此，引种时必须在有一定荫蔽度、阴凉湿润的林下进行种植。引种到中亚热带地区也能正常生长发育。云南昆明、广西东北部的桂林有引种栽培，在 –2℃和 –4℃的低温条件下未被冻死，能正常开花结实。金花茶属于喜在酸性土壤中生长的植物，一般情况下，在土壤 pH 值为 4.5 ～ 5.0 的条件下生长良好。根据金花茶组植物生长的土壤不同，可以分为石灰土金花茶和酸性土金花茶。目前，野外还未发现同一种类的金花茶生长在两种不同性质的土壤上；但在人工栽培下，生长在石灰土上的金花茶种类也可以在酸性土上正常生长。

据韦霄等人（2007）、路雪林（2018）调查，在广西，金花茶自然分布范围主要有两个间断分布地区：一是在广西南宁市（原邕宁县）的潭洛镇、富庶镇，扶绥县的中东凤凰山林场，隆安县的古潭镇等周围区域；二是在十万大山东南面的防城港市防城区和东兴市。其中，平果金花茶分布在最北端。金花茶分布区主要集中分布于十万大山东南面防城除光坡和企沙 2 个乡（镇）外的其余 17 个乡（镇），139 个村。其南界约在北纬 21° 30′，北界 22° 55′，东经 107° 36′ ～ 108° 33′，其垂直分布的高度在 12 ～ 450 米之间，以海拔 200 ～ 300 米之间的范围较为常见。分布的最低下限在东兴市江平镇郊东村附近的海滨丘陵台地，海拔 12 米；最高上限在防城港市防城区那子山，海拔 450 米，均发现野生金花茶。

整个分布区跨纬度 1° 25′，经度 57′。从水平分布的纬向可以看出，金花茶分布在北回归线以南，基本上在热带范围内，可见金花茶属热带亚热带植物。分布区的中心（即数量最多的地方）是十万大山东南面的防城区境内，分布的乡（镇）有 17 个，占防城区总乡镇数的 89.4%；分布的村 139 个，占防城村总数的 71%。在金花茶组植物中，金花茶是数量最多、分布面积最大的种类之一。在南宁市富庶乡、南宁市隆安县和崇左市扶绥县三地的交界地区，属亚热带季风气候，年平均气温 20.3 ～ 20.9℃，年均无霜期 346 ～ 350 天，年平均降水量 1 050 ～ 1 691 毫米。金花茶生长区的土壤类型为赤红壤（砖红壤性红壤）或砖红壤的酸性土。在防城港市和东兴市，地理位置为东经 108° 7′、北纬 21° 45′，地属十万大山南麓的蓝山支脉，属沿海低山丘陵地貌；年平均气温 21.8 ～ 22.4℃；全年基本无霜日，年平均降水量 2 800 毫米以上。该地区综合气候特性是夏热冬暖，高温多雨，无气候学上的冬天，属亚热带季风气候区，海洋风盛行的气候类型；土壤为花岗岩、砂页岩、砂页、紫色岩、泥岩和砾岩发育而成的赤红壤和砖红壤，土壤垂直分布明显，300 米以下为赤红壤和砖红壤，300 ～ 800 米为山地红壤，800 米以上为山地黄壤。

四、金花茶伴生群落结构

金花茶属于常绿阔叶小高位芽植物，种群要依附在某一群落所创造的环境下生存。在自然状态下，可达到乔木层第 3 层的空间；在群落受破坏变成单层林的情况下，它们退居到灌木层；但乔木层完全消失，暴露于阳光的情况下，它们也就很快消失。据苏宗明（1994）、黄付平（2001）、韦霄等人（2006，2007）调查，金花茶分布在由热带树种组成的群落中，分布区的植被类型属广西北热带季雨林。由于人类经济活动频繁，原始植被已遭受严重破坏，大部分是被砍伐后退居于阴沟湿谷两旁残存的次生季雨林。虽然经常遭受人为破坏，但由于地处湿热环境，植物生长期长，对植物生长十分有利，所以次生林生长也很繁茂，种类复杂。金花茶群落组成种类多样，且极富热带性质。组成群落的主要科有橄榄科（Burseraceae）、山榄科（Sapotaceae）、大戟科（Euphorbiaceae）、桑科（Moraceae）、藤黄科（Guttiferae）、无患子科（Sapindaceae）、番荔枝科（Annonaceae）、梧桐科（Sterculiaceae）的种类。此外，由于森林遭受破坏，一些热带广布种和亚热带的种类也成为金花茶所在群落的优势种或常见种，如樟科（Lauraceae）、五加科（Araliaceae）、山龙眼科（Proteaceae）的一些种类也成为金花茶所在群落的优势种或常见种。金花茶种群居住的群落共有 6 种：（1）"白榄（*Canarium album*）– 东京山枇杷（*Eberherdtia tonkinensis*）– 东京山枇杷 + 金花茶 – 金花茶 – 红色新目蕨"群落；（2）"香港四照花（*Dendrobenthamia hongkongensis*）– 山桂花（*Bennetiodendron brevipes*）+ 金花茶 – 金花茶 – 广东蛇根草（*Ophiorrhiza cantoniensis*）"群落；（3）"米锥（*Canstanopis cuspidata*）– 小 金 竹（*Phyllostachys sulphurea*）
+ 五角紫金牛（*Ardisia quingguegona*）+ 金花茶 – 山姜（*Alpinia chinensis*）"群落；（4）"围延树（*Pithecellobim clypearia*）– 九节木（*Psychotria asiatica*）+ 金花茶 – 水麻（*Debregeasia edulis*）"群落；（5）"黄梁木（*Anthocephalus chinensis*）+ 大果重阳木（*Bischofia javania*）– 金花茶 + 海南山龙眼（*Helicia hainanensis*）+ 九节木 –缩箬（*Oplismenus undulatifolius*）"群落；（6）"调羹树（*Heliciopsis lobata*）+ 鸭 脚 木（*Schefflera octophylla*）– 金 花 茶 – 金 狗 毛（*Cibotium barometz*）"群落。

　　在与金花茶的伴生树种中，乔木类主要有粗糠柴（*Mallotus philippensis*）、降 真 香（*Acronychia pedunculata*）、光 叶 红 豆（*Ormosia glaberrima*）、白 榄（*Canarium album*）、黄 果 厚 壳 桂（*Cryptocarya concinna*）、黄毛五月茶（*Antidesma fordii*）、黄椿木姜子（*Litsea varabilia*）、禾串树（*Bridelia balansae*）、东京波罗蜜（*Artocarpus tonkinensis*）、鼎湖合欢（*Cylindrokelupha turgida*）、棱枝冬青（*Ilex tangulata*）、海 南 山 龙 眼（*Helicia hainanensis*）、紫荆木（*Madhuca pasqueri*）、华 润 楠（*Machilus chinensis*）、水石梓（*Sarcosperma larborum*）、香 港 四 照 花（*Dendrobenthamia hongkongensis*）、长 柄 梭 罗（*Reevsia longipetiolata*）、细 刺 栲（*Castanopsis tonkinensis*）、罗 浮 栲（*Castanopsis fabri*）、白 楸（*Mallotus paniculatus*）、单穗鱼尾葵（*Caryota monostachya*）、越南山龙眼（*Helicia cochinchinensis*）、假山龙眼（*Heliciopsis henryi*）、银柴（*Aporosa chinensis*）、岭南山竹子（*Garcinia oblongifolia*）、红车（*Syzygium hancei*）、黄梁木（*Anthocephalus chinensis*）、秋枫（*Bischofia javanica*）、猴耳环（*Pithecellobium clypearia*）、水冬哥（*Surauia tristyla*）、调羹树（*Heliciopsis lobata*）、鸭脚木（*Schefflera octophylla*）、山桂花（*Bennetiodendron brevipes*）、海南榕（*Ficus hainanensis*）、黄樟（*Cinnamomum porrectum*）、假苹婆（*Sterculia lanceolata*）、大果榕（*Ficus auriculata*）、大叶刺篱木（*Flacourtia rukam*）、密花树（*Rapanea neriifolia*）、对叶榕（*Ficus hispida*）、大花五桠果（*Dillenia turbinate*）、黄毛榕（*Ficus esquiroliana*）等。

灌木层有五角紫金牛（*Ardisia quinquegona*）、长叶紫金牛（*Ardisia elegans*）、长叶玉兰（*Magnolia paenetauma*）、九节木（*Psychotria asiatica*）、广东山胡椒（*Lindera kwangtungensis*）、伯拉木（*Blastus cochinchinensis*）、紫玉盘（*Uvraria macrophylla*）等。

草本层有宽叶苔草（*Carex chinensis*）、珍珠茅（*Scleria levis*）、沙皮蕨（*Hemigramma decurrens*）、华山姜（*Alpinia chinensis*）、山菅兰（*Dianella ensifolia*）、蜘蛛抱蛋（*Aspidistra elatior*）、红色新月蕨（*Abacopteris rubra*）、乌毛蕨（*Blechnum orientale*）、仙茅（*Curculigo orchioides*）、闭鞘姜（*Costus speciosus*）、华南紫萁（*Osmunda vachellii*）、红毛新月蕨（*Adacopteris rubra*）、山姜（*Alpinia chinensis*）、露兜勒（*Pandanus testorius*）、扇叶铁线蕨（*Adiantum flabellulatum*）、广东蛇根草（*Ophiorrhiza cantoniensis*）、广西沿阶草（*Ophropogon Kwangsiensis*）、狗脊（*Woodwardia japonifca*）、缩箬（*Oplismenus undulatifolius*）、异叶天南星（*Arsaemai heterophyllum*）、肾蕨（*Nephrolepis cordifolia*）、圆叶林蕨（*Lindsaea orbiculata*）、半旗（*Pteris semipinnata*）、翠云草（*Selaginella uncinata*）、金毛狗（*Cibotium baroinetz*）、全缘鳞毛蕨（*Dryopteris integrifolia*）等。

藤本植物有藤槐（*Bowringia callicarpa*）、鸡血藤（*Mucuna birdwoodiana*）、刺果藤（*Buettneria aspera*）、省藤（*Calamus platyacanthoides*）、鸡藤（*Calamus compsostachys*）、红叶藤

（*Rourea microphyllum*）等。

五、金花茶物种分类及其亲缘关系

　　金花茶的色泽是一种可遗传的种质资源，可通过杂交和诱变等方法培育出黄色系列的山茶花品种。这种不可替代的黄色色素基因，在园艺黄色茶花的培育上有着不可估量的价值，因此，在国内外茶花爱好者中引起了强烈的兴趣。金花茶新种不断被发现，至今已报道的种名已达 40 多个。但在金花茶如此狭窄的地理分布区域来看，存在这么多种金花茶品种，这在植物地理学上是一个可怕的例外。这说明在金花茶的种归属、亲缘关系及演化方面，可能出现了一些混乱现象。如许多个体间的差异被当作种的标准来描述，一些物种的生态型或一些具有可变异特征的标本被确立为独立的种，这些都是造成金花茶分类出现混乱的原因。此外，还由于从事分类学的观点不同，即所谓"大种"和"小种"的观点，在处理具体的金花茶品种分类时，也会得出不同的结论。加之我国与越南存在一些共有的金花茶种类，但在命名时存在一些重复或同物异名现象，也使得在金花茶的种类数量上出现较大的分歧。因此，我国的山茶分类专家就金花茶的种类给出了不同的答案。闵天禄（1993）认为我国金花茶植物共有 10 种；张宏达和叶创兴（1993）认为有 16 种；梁盛业（1990）认为我国有 19 种和 1 变种，全产于我国广西西南部地区；苏宗明和莫新礼（1988）认为金花茶组植物大约有 22 种，其中越南产 4 种，特有 2 种；中国产 20 种，特有 18 种。

纵观金花茶组植物的分类学研究，过去的研究多集中在形态学方法，以形态学、解剖学、孢粉学及细胞学（核型分析）等表型性状的相似性为基础进行种间关系的探讨。虽然基因本身具有极强的稳定性，但也具有复杂性，特别是基因的表达性状会不时受到外部环境的影响，诱发基因的突变，从而造成表型和基因型之间的关系变得错综复杂。加上现有金花茶资料的局限性，必然造成金花茶分类存在较大的分歧。因此，在进行金花茶物种分类及其亲缘关系研究时，仅仅依靠表型性状所建立的系统关系并不一定能反映真正亲缘的系统发育关系，还必须获得更多其他相关学科提供的证据支持。分子生物学方法（如同功酶研究，蛋白质电泳，RuBisco 电泳和 RAPD 分析等）可以提供基于蛋白质或 DNA 序列的分子标记性状，信息量大，能够为植物亲缘关系的研究提供更为精确的证据。梁机等人（1998）利用蛋白质电泳分析方法研究 8 种金花茶之间的亲缘关系，结果表明防城金花茶与金花茶的亲缘关系最密切，弄岗金花茶与毛籽金花茶、平果金花茶与东兴金花茶两两之间也有较近的亲缘关系，而毛瓣金花茶与其他 7 种之间的亲缘关系较远。施苏华等人（1998）利用 RAPD 分析了 11 种金花茶，结果表明小花金花茶、扶绥金花茶与中东金花茶之间亲缘关系较近；大样金花茶、薄叶金花样与夏石金花茶之间的亲缘关系较近；龙州金花茶、毛籽金花茶、陇瑞金花茶和弄岗金花茶之间的亲缘关系较近；凹脉金花茶与其他各种金花茶的亲缘关系相对较远。唐绍清等人（2004）测定了分布于我国的 22 个金花茶组植物的种或变种的 nrDNA ITS 区序列，它们的序列长度在 476 ～ 496 之间。GC 含量都超过了 70%，应用 Kimura2 模型计算了序列间的分化程度，构建了最大简约树、邻接树和最大似然树。分析结果表明，淡黄金花茶、毛籽金花茶、陇瑞金花茶、弄岗金花茶、大样金花茶和凹脉金花茶的亲缘关系较近，小瓣金花茶、小花金花茶、薄叶金花茶、多瓣金花茶、夏石金花茶和龙州金花茶的亲缘关系较近。nrDNA ITS 区序列分析结果与之前的 AFLP 分析结果相近。方伟等人（2010）通过对金花茶组（Sect. Chrysantha）植物叶绿体 4 个 DNA 片段（rpl16、psbA-trnH、trnL-F 和 rpl32-trnL）的测序，并运用邻接法（neighbor-joining）、最大简约法（maximum-parsimony）和贝叶斯推断（Bayesian inference）对获得的 DNA 序列进行了联合矩阵分析，构建了基因树。在系统树中，金花茶组的分支关系具有明显地理分布上的启示意义。越南北部地区分布的金花茶种类自成一支（Clade Ⅲ），而国产的金花茶种类分为两个支系（Clade Ⅰ和 Clade Ⅱ），它们在地理分布上大体以我国广西的十万大山为界，Clade Ⅱ的三个种主要分布于十万大山东南面的广西防城区，Clade Ⅰ的种类则分布于十万大山西北面的广西龙州、宁明、扶绥和平果等县（市）。由此可见，数量分类学、细胞学性状、分子生物学性状与表型性状的分析结果可以相互印证，使推测的金花茶组植物之间的关系更接近于真正亲缘的系统关系。

综合金花茶组植物的表型性状、细胞学性状和分子生物学性状的分析结果，可以确认金花茶组（Sect. Chrysantha Chang）植物在山茶属中的分类地位。该组植物具有以下基本特征：苞萼分化且宿存，小苞片 5～8 片，花瓣多于 8 片，花瓣黄色，雄蕊基部连合，花柱离生，染色体数 2n=30，核型属于对称性较强的核型。金花茶组的演化趋向：花梗由短到长，小苞片与萼片逐渐过渡到完全分离，花瓣和雄蕊由基本离生到合生至一半，子房由 5 室至3 室，无毛至有毛，花柱由完全分离至部分合生，核型由较对称类型向较不对称类型演化。

六、金花茶花粉研究

不同的花粉其外部形态特征具有种属特异性，因此，花粉的外壁纹饰特征可以作为植物物种鉴别的重要依据。鉴于当前在金花茶组植物研究和分类中，特别是关于种的归属、亲缘关系及演化方面存在较大的争议和分歧，开展金花茶孢粉学研究为解决该类问题提供更多的花粉形态学证据。特别是扫描电子显微镜被广泛应用于金花茶组植物花粉的形态观察后，清晰的高质量花粉图版的出现，为金花茶物种的准确识别与鉴定提供了可行性。

自邹琦丽和梁盛业最早在 1984 年开展金花茶组花粉形态研究以来，陆陆续续有 27 种和变种的金花茶花粉进行了扫描电子显微镜观察，为金花茶的研究和分类提供了宝贵的孢粉学证据。综合来看，金花茶组植物花粉的形态特征基本符合山茶属花粉的一般形态特征：花粉形状为近扁球形、近长球形至扁球形、长球形、球形，极面观三裂近圆形；大小为（42.3～38.1）微米 ×（47.9～33.8）微米，萌发器官为三（拟）孔沟，沟长，沟的非赤道部分下陷，其赤道部分隆起，或缢缩而形成两个半沟，具沟膜，膜上有颗粒状凸起，内孔不明显。外壁外层厚于内层，外壁厚约 1.8 微米，表面具粗颗粒纹饰，颗粒状或拟网纹饰，网眼小，形状不规则，具穿孔，网背近平坦。

但在金花茶组植物内部，不同物种之间在花粉形状、大小、萌发器官类型和外壁特征上都有不同。特别是花粉大小在种间变化较大，并与花朵大小有一定的相关性。花粉的外壁在扫描电子显微镜下具有拟网、穴状、脑纹状和块状等纹饰，同一纹饰类型又因有无颗粒、穿孔或浅穴而进行种间区别。因此，金花茶组植物的花粉形态可作为金花茶种间分类的一个依据。

　　但是，由于不同研究者所采集的金花茶组植物花粉标本的花粉来源不同，所进行扫描电子显微镜测试的花粉标本有新鲜花粉和腊叶标本上的干花粉的不同，花粉干燥方法有自然干燥和CO_2临界点干燥的不同，以及制片处理和拍照角度的不同，都会对花粉的外壁纹饰、凸起的形状、大小、分布密度等产生一定的影响。此外，大多数研究者都没有说明每个测试结果的所测花粉数量，也会影响最后的测量平均值。因此，有必要对金花茶组植物花粉形态的研究作出标准化规定。如确定统一的测量平均值——一种金花茶测定 20 粒花粉，然后取平均值，这样可以避免不必要的重复研究，也可以提高金花茶组植物花粉形态学研究成果的可比性、可靠性和连续性。

七、金花茶应用研究

　　金花茶是最有价值的物种之一，不仅具有很高的观赏价值，其金黄色泽是一种可遗传的种质资源，可通过杂交和诱变等方法培育出黄色系列的山茶花品种。金花茶的叶和花中含有锗（Ge）、硒（Se）、钼（Mo）、锌（Zn）、钒（V）等多种微量元素，对抗衰老、增强人体免疫力有显著作用。据《广西药材标准》（1990）记载，金花茶具有清热解毒、利尿消肿作用，可用于治疗肾炎、水肿、尿路感染、咽喉炎、痢疾、高血压等疾病，有降血糖、降胆固醇、预防肿瘤、抗衰老等作用。金花茶的营养价值也逐渐被挖掘和利用，已开发了与金花茶相关的一系列茶叶、饮料和化妆品。如利用金花茶研制成功的金花茶袋泡茶、金花茶口服液和金花茶精等一系列高级保健饮料，已经开始推向国际市场，远销东南亚各国。

但是，由于金花茶应用理论研究相对滞后，深加工技术有待提高，如金花茶开花促控技术、金花茶高产栽培技术、金花茶黄色基因转导技术、金花茶综合开发利用技术等均没有系统开展研究。

金花茶应用研究主要源于对金花茶化学成分的研究鉴定，对于可持续利用，特别是物种资源及遗传资源的关注非常少。按照"保护优先，持续利用，全民参与，惠益共享"的方针，借鉴国际先进经验，加强生物遗传资源价值评估与管理制度研究，保护和传承金花茶相关传统知识，对协调生物遗传资源及相关传统知识保护、开发和利用，确保各方利益。金花茶作为全球环境基金（GEF）"建立和实施遗传资源及其相关传统知识获取与惠益分享的国家框架项目"广西试点示范项目，通过在防城港市建立金花茶遗传资源惠益分享示范点 20 个、专家调研、示范点立法、谈判和实施获取与惠益分享协议的签订工作及开展防城港市生物资源少数民族传统知识开发利用现状调查和管理需求研究等一系列工作，2021 年 9 月，《广西壮族自治区生物遗传资源及其相关传统知识获取与惠益分享管理办法》（以下简称《管理办法》）颁布实施。该《管理办法》是全国第一个省级生物遗传资源获取与惠益分享方面的规范性文件，通过《管理办法》以惠益分享制度为核心，明确了生物遗传资源及其相关传统知识的惠益分享形式、原则、协议内容等相关问题，为生物遗传资源及其相关传统知识的持有人、开发利用者提供明确的行为指引，引导其积极行使权利，有效促进广西生物遗传资源及其相关传统知识的保护。

广西防城港市不仅是世界金花茶的自然集中分布地，还是我国最大的金花茶产业加工基地。2021 年 9 月 1 日，防城港国际医学开放试验区总体方案正式印发。建设防城港国际医学开放试验区（以下简称"医学开放试验区"），是习近平总书记亲自宣布、亲自部署的重大决策，是党中央交给广西的重大使命和政治任务，是构建人类卫生健康共同体、加强国际公共卫生合作的具体实践。

广西防城港市立足"一带一路"有机衔接门户城市和西部陆海新通道节点城市的区位优势，依托非人灵长类实验动物、优质道地药材等资源禀赋和生态优势，聚焦发展主导产业，转型发展大健康产业，打造特色产业链条。

根据医学开放试验区发展需求，因地制宜，多点布局。医学开放试验区依托上思县十万大山资源优势，承接传统医药开发、营养健康食品和康养产业；依托十万大山传统中药材、海洋医药等资源优势，发展中药材种植养殖专业合作社和合作联社，建设道地药材良种繁育基地和种植养殖基地，提高规模化、规范化水平；依托东兴市口岸优势，承接中药材、食药同源物质等贸易加工，并加强与越南等东盟国家的医疗合作；依托防城港市防城区江山半岛生态优势，承接国际医疗合作、国际康养服务和国际滨海休闲旅游；依托防城港市港口区国际贸易优势，布局建设国际公共卫生合作保障基地和应急医疗物资储备中心；创建国家中医药综合改革试验区，创新传统医药产业发展模式，深化中医药改革，促进中医药事业传承发展；推动现代食品加工与食药物质、传统医药经典名方等相结合，鼓励企业利用纳入食药物品目录及试点物品管理的传统医药经典名方，在医药开放试验区内生产经营营养健康食品；支持开展肉桂、八角、金花茶、牛大力、山茶、铁皮石斛、灵芝、杜仲叶等特色药用食用植物的研究开发，申请国家地理标志产品保护；支持企业根据食药物质目录，以食品用途申报进口国家进口的相关物质，在试验区内进行食品加工生产经营；对国家正在开展试点拟纳入食药物质目录的物质，支持企业在医药开放试验区先行先试，建设食药物质产品展示服务平台；借助"中国长寿之乡"、天然氧都、十万大山、海洋生态等优势，推行"医疗＋健康＋旅游"发展模式，打造一批滨海、森林、温泉等特色健康旅游示范项目，建设健康旅游示范基地和健康旅游综合体，打造国际体检、疗养、保健中心。

金花茶产业必将乘着防城港国际医学开放试验区建立的东风，走向新的辉煌。

第一次听说你
是在 400 多年前
一本叫《本草纲目》的书里

那传说中的金花
吸引着无数人
终其一生
仍遍寻不得

直到 1960 年
金瓣玉蕊
蜡质晶莹
茶族皇后——金花茶
在广西首次发现

从此
你一举成名
震惊了世界

为了保护你
植物界的大熊猫
建立了以你的名字命名的
金花茶国家级自然保护区

第三章

广西防城金花茶国家级自然保护区

广西防城金花茶国家级自然保护区位于广西壮族自治区防城港市防城区境内，地处十万大山南麓蓝山支脉，属于桂西南山地生物多样性保护优先区域，也是世界金花茶植物的分布中心。1986年，经广西壮族自治区人民政府批准，将金花茶保护点建为广西防城上岳金花茶自治区级自然保护区，同时批准建立保护区管理机构广西防城上岳金花茶自然保护区管理站；1994年，经国务院批准晋升为国家级自然保护区。自此，广西防城港市作为金花茶的发现地，建成了国内唯一以单一植物——金花茶来命名的国家级自然保护区，保存着世界上数量最多、种类最齐全的珍稀濒危金花茶组植物的物种资源及其赖以生存的北热带季雨林森林生态系统。

一、自然地理

广西防城金花茶国家级自然保护区地处十万大山南麓蓝山支脉，东起深坂岭下的防城江，西至小峰水库边，北起松柏屯旁的防城江，南至那梭村的那他屯，地跨那梭、大箓、华石、扶隆等4个乡（镇），涵盖13个行政村65个自然屯及国营那梭农场、华石林场；总面积9 098.6公顷，其中核心区面积1 479.1公顷，缓冲区面积3 459.2公顷，实验区面积4 160.3公顷；地理位置为东经108° 2′ ～ 108° 13′；北纬21° 43′ ～ 21° 50′（图3-1）。

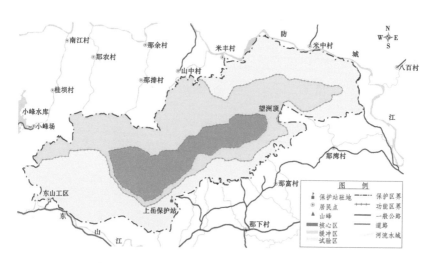

图 3-1　广西防城金花茶国家级自然保护区功能区划示意图

保护区地貌类型主要分为四级。第一级地貌类型：低山，是保护区最大的一级地貌类型。第二级地貌类型：单面山等，以地壳的掀斜为主。第三级地貌类型：形谷、溢谷、坡积裙、洪积扇等。第四级地貌类型：石柱、岩溢、跌水、瀑布、深潭等。

保护区地质构造主要是印支期褶皱—那梭向斜，主峰线南侧抬升幅度大，北侧抬升幅度向北逐渐减少。因此，保护区地貌总体格局表现为南陡北缓的单斜地形。各块段地壳抬升幅度并不相同，总的来说，从东到西抬升幅度逐渐加大，故山体高度也是从东往西逐渐增加，最高峰三踏顶海拔 940 米。

保护区地处北回归线以南，太阳辐射强，气温高，属于热带季风气候类型。气候基本特点为冬短夏长，季风气候明显，气候温暖湿润，光照充足，热量丰富，霜少无雪，无霜期长，雨量充沛，雨热同季，干湿季节明显，植物生长期长。

保护区年平均气温 21.8℃，最冷月 1 月平均气温 12.6℃，极端低温 -0.9℃；最热月 7 月平均气温 28.2℃，极端高温 39.1℃。保护区位于低纬度带，每年太阳有 2 次直接辐射，太阳辐射能量丰富，年平均日照时数为 1 665～1 904 小时。保护区南濒北部湾，北靠十万大山，地处热带北缘季风气候区域，海洋风盛行，风向受季节影响较明显，年平均降水量为 2 900 毫米，年降雨量最多 3 088.2 毫米，最少是 1 913.1 毫米。保护区内主要河流有西南面的东山江和东北面的防城江，保护区内小河流主要汇入这两条江，构成两江支流的源头。

保护区内海拔跨幅大，土壤垂直分布明显。不同的海拔高度成土过程不同，因而形成不同的土壤类型。保护区内热量充足，雨量充沛，矿物强烈分解，土壤的形成特点主要是脱硅富铝化过程。阳离子交换量和盐基饱和度低，保肥与供肥能力差。主要土壤类型有砖红壤、山地红壤、山地黄壤、水稻土等。

二、现代植被

广西防城金花茶国家级自然保护区地处北热带，其典型的地带性植被为季雨林，在一些沟谷还保存小面积的沟谷雨林。保护区建立近 30 多年来，大规模的乱砍滥伐已经基本绝迹，但由于历史上长期的人为干扰，原生植被已所剩无几，仅在核心区一带尚有保存较好的天然植被，多为次生常绿阔叶林和灌草丛，如假苹婆林（Form. *Sterculia lanceolata*）、"阿丁枫＋舟柄茶林（Form. *Altingia chinensis*＋*Hartia sinensis*）"、"血胶树＋云贵山茉莉林（Form. *Eberhardtia aurata*＋*Huodendron biaristatum*）"、狭叶坡垒林（Form. *Hopea chinensis*）、黄杞林（Form. *Engelhardia roxburghiana*）、野牡丹灌丛（Form. *Melastoma candidum*）等，共有 6 个植被型 12 个群系。试验区和缓冲区则大部分被人工林所占据，面积较大的有肉桂（*Cinnamomum cassia*）林、八角（*Illicium verum*）林、杉木（*Cunninghamia lanceolata*）林、马尾松（*Pinus massoniana*）林等。保护区地带性植被为季节性雨林和沟谷雨林的次生林。这种次生林由樟科、山茶科、桑科、豆科、金缕梅科、五加科、山榄科、壳斗科等 10 多个科属的灌木、乔木组成。

　　保护区物种丰富，具有丰富的生物多样性，特殊的地理位置和复杂的自然条件为野生动植物创造了得天独厚的栖息环境。根据实地调查（徐竟甯，2014），并结合根据《中国植物志》《广西植物志》《中国高等植物图鉴》《中国景观植物》和中国数字植物标本馆、中国植物物种信息数据库、中国自然标本馆、网络等有关文献资料整理和统计结果，已知广西防城金花茶国家级自然保护区 1 266 种野生维管束植物（含亚种、变种和变型），隶属于 174 科 604 属，其中裸子植物 5 科 5 属 8 种，被子植物 142 科 549 属 1 175 种（双子叶植物有 122 科 432 属 982 种，单子叶植物 20 科 117 属 193 种），蕨类植物 27 科 50 属 83 种（表 4-1）。

表 4-1　广西防城金花茶国家级自然保护区
野生维管束植物的科、属、种组成

分类群	科		属		种	
	数量	比例（%）	数量	比例（%）	数量	比例（%）
裸子植物	5	2.87	5	0.83	8	0.63
被子植物	142	81.61	549	90.89	1 175	92.81
其中：双子叶植物	122	70.12	432	71.52	982	77.57
单子叶植物	20	11.49	117	19.37	193	15.24
蕨类植物	27	15.52	50	8.28	83	6.56
合计	174	100	604	100	1266	100

从广西防城金花茶国家级自然保护区 1 266 种野生维管束植物中，可以初步筛选出具有较高观赏价值的野生观赏植物 158 科 397 属 719 种。其中，裸子植物 5 科 5 属 8 种，被子植物 128 科 352 属 650 种（双子叶植物 109 科 279 属 539 种，单子叶植物 19 科 71 属 111 种），蕨类植物 25 科 40 属 61 种。由此可见，保护区野生观赏植物资源的丰富度极高。

保护区内共有国家重点保护野生植物 9 种，其中一级保护的 2 种，分别为十万大山苏铁（*Cycas shiwandashanica*）和狭叶坡垒（*Hopea chinensis*），国家二级重点保护的野生植物有金毛狗（*Cibotium barometz*）、黑桫椤（*Alsophila podophylla*）、樟（*Cinnamomum camphora*）、格木（*Erythrophleum fordii*）、花榈木（*Ormosia henryi*）、半枫荷（*Semiliquidambar cathayensis*）、紫荆木（*Madhuca pasquieri*）等 7 种。保护区还生长着珍稀濒危植物金花茶组植物 3 种，分别为显脉金花茶（*Camellia impressinervis*）、东兴金花茶（*Camellia tunghinensis*）、防城金花茶（*Camellia chrysantha var. phaeopubisperma*），还有众多珍贵的兰科植物。

三、金花茶苗圃培育

为了迁移保护野生金花茶物种，引种种植金花茶，建立金花茶物种资源库，以及开展金花茶的繁育种植与保育研究，广西防城金花茶国家级自然保护区在上岳建立保护站。上岳保护站重点开展对松光峒苗圃和基因库的金花茶保育工作。松光峒苗圃大棚面积约 720 平方米，基因库占地面积约 14 多亩（1 亩 ≈ 667

平方米），基本石柱大棚建设占多数，据统计松光垌苗圃种植约
19 340 株，基因库种植约 1 748 株（图 3-2 至图 3-7）。金花茶主
要适于生长在酸性土壤和石灰岩地区空气不受污染的南亚热带季
节性雨林、沟谷雨林的阔叶林下，对荫蔽条件和湿度条件要求较
高，而苗圃和大棚的存在，对金花茶生长提供了有力保障，对金
花茶保育工作提供了有力支撑。

图 3-2　塑料大棚外加遮阳网外观图

图 3-3　室内大棚金花茶保育图

图 3-4 室内大棚金花茶生长图

图 3-5 基因库大门外景

图 3-6　石柱大棚保育金花茶

图 3-7　林下保育金花茶

你藏在花蕊中
馥郁的香味
暴露了你的行踪
我闻着香味悄悄地来

春姑娘说
蜜蜂来过了
蝴蝶来过了
蜂鸟也来过了
你来迟了

那沾满花粉的花蕊
在蜡质花瓣的簇拥下
闪闪发亮
熠熠生辉

我轻轻地
采撷了一朵金花
小心地包裹
带回了实验室

在扫描电镜的帮助下
我看到了你
显微镜下
那鲜为人知的
另一个花花世界

第四章

金花茶花粉形态描述

本章作为本书的精华所在，集中总结了广西18种金花茶花粉的形态特征及其在分类学上的研究意义，对这些金花茶品种逐次进行物种鉴别和花粉形态描述，并附上精美图版，为今后金花茶花粉的准确鉴定提供研究基础。同时，还对金花茶花粉在时下如火如荼的研学、文创等活动中，如何发展自身优势，顺应发展潮流提出了一些浅显的建议。

一、金花茶花粉形态总述及其应用

（一）广西18种金花茶花粉形态总述

整体来看，广西18种金花茶花粉为近球形或长球形，具三拟孔沟或三孔沟，内孔横长，外壁具有细微的瘤状雕纹。但是，18种金花茶花粉的形态差异明显，花粉粒大小及表面纹饰均有较大变化。金花茶花粉的极轴（P）、赤道轴（E）、极轴/赤道轴（P/E）、沟长（L）的扫描电子显微镜测量数据见表4-1。

表4-1　18种金花茶花粉的扫描电子显微镜测量数据

实验编号	品种	极轴（P）×赤道轴（E）/微米	P/E	沟长（L）/微米
1	小瓣金花茶	41.4（35.0～43.7）×23.4（20.5～28.8）	1.77	36.9（30.0～39.2）
2	凹脉金花茶	28.9（26.5～31.4）×31.5（29.1～34.6）	0.92	25.2（24.1～26.8）
3	中东金花茶	38.1（34.2～41.9）×32.4（27.9～38.2）	1.20	33.3（29.0～38.2）

续表

实验编号	品种	极轴（P）×赤道轴（E）/微米	P/E	沟长（L）/微米
4	直脉金花茶	38.3（25.9～43.0）×29.5（25.2～34.9）	1.30	32.7（31.1～34.2）
5	柠檬金花茶	37.6（34.0～41.1）×23.0（20.9～25.0）	1.64	35.7（33.8～37.3）
6	薄叶金花茶	38.2（35.7～41.1）×21.7（20.4～22.8）	1.76	33.7（31.3～36.7）
7	小果金花茶	40.2（33.9～44.0）×28.7（25.5～33.4）	1.40	36.3（33.9～39.0）
8	四季金花茶	30.7（28.4～32.7）×32.1（28.2～34.8）	0.96	26.5（25.6～27.6）
9	小花金花茶	41.0（37.4～43.6）×24.1（22.3～25.2）	1.70	35.4（32.5～38.5）
10	顶生金花茶	31.0（27.7～34.6）×30.5（26.3～34.7）	1.02	25.1（22.6～28.8）
11	淡黄金花茶	34.1（29.4～36.8）×31.1（27.0～33.4）	1.10	28.2（26.5～29.0）
12	显脉金花茶	35.3（32.5～38.0）×34.3（28.5～36.7）	1.03	31.5（28.0～34.7）
13	平果金花茶	35.8（32.9～38.8）×21.5（18.8～27.9）	1.67	31.2（25.7～35.2）
14	弄岗金花茶	39.1（36.1～42.5）×26.5（24.9～28.4）	1.48	34.1（31.1～35.9）
15	东兴金花茶	40.8（36.2～43.9）×27.7（22.4～29.7）	1.47	36.4（31.1～39.1）
16	防城金花茶	48.6（44.0～52.5）×33.4（31.0～39.3）	1.46	44.0（37.6～48.9）
17	抱茎金花茶	40.1（32.0～43.3）×31.9（29.1～33.1）	1.26	34.2（27.2～38.0）
18	金花茶越南种	37.1（34.1～39.7）×30.3（28.3～34.1）	1.23	32.6（29.9～35.6）

由表4-1可知，18种金花茶花粉粒的极轴（P）范围为28.9～48.6微米，平均值为37.6微米，其中防城金花茶的极长最长，为48.6（44.0～52.5）微米；凹脉金花茶的极长最短，为28.9（26.5～31.4）微米。赤道轴（E）范围为21.5～34.3微米，平均值为28.5微米，其中显脉金花茶的赤道轴最长，为34.3（28.5～36.7）微米；平果金花茶的赤道轴最短，为21.5（18.8～27.9）微米。金花茶的沟长（L）范围为25.1～44.1微米，其平均值为32.9微米，其中防城金花茶的沟最长，为44.0（37.6～48.9）微米；顶生金花茶的沟最短，为25.1（26.6～28.8）微米。P/E范围为0.92～1.77，平均值为1.35，其中比值最大的是小瓣金花茶，为1.77；比值最小的是凹脉金花茶，为0.92。

（二）花粉外壁纹饰在金花茶组植物分类及种间类群鉴别上的应用

花粉是植物携带遗传信息（DNA）的雄性生殖细胞，比其他组织器官在性状上要更加趋于稳定，外界环境因素对花粉形态特征的影响较小。因此，不同植物的花粉形态及外壁结构（纹饰）都具有很鲜明的种属特征。正是基于植物花粉的形态特征具有种属特异性，其花粉外壁纹饰特征可用来研究种类间的亲缘关系，已经成为种属鉴别的重要依据，是被公认的最有价值的分类依据之一，特别是用于植物种属的细致分类。

当前金花茶组植物的分类主要是以形态学为依据，即是以金花茶的花、果、叶、茎、根的差异来划分。但是，由于金花茶自然分布地带性分异等因素影响，加上相近种之间在形态上本身就存在很多共同之处，使得仅仅依靠形态来分类很容易产生分歧，这也是造成当前金花茶组植物分类比较混乱的重要原因。

通过对广西 18 种金花茶花粉形态的扫描电子显微镜观察，研究表明金花茶组植物花粉形态较为一致，具有共同的特征（具三孔沟或三拟孔沟），基本上符合山茶属花粉的一般形态特征。但是，不同品种的金花茶花粉之间存在一定的差异（主要表现在外壁纹饰上），可见花粉形态特征是进行品种鉴别的重要依据。同时，金花茶花粉外壁纹饰在组内的变异呈现一定的连续性，这充分说明金花茶组是一个亲缘关系极为接近、自然的类群。

二、金花茶花粉形态分种描述

（一）小瓣金花茶（*Camellia parvipetala* J. Y. Liang et Z. M. Su）

【形态特征】常绿灌木，高 2 ～ 4 米，树皮灰褐色，嫩枝黄褐色或紫褐色。叶薄革质或纸质，广卵形至倒卵状椭圆形，长 6 ～ 15 厘米，宽 2.5 ～ 7 厘米，先端突然短尖，尖头长 5 ～ 10 毫米，基部阔楔形，上面深绿色，下面无毛，侧脉 7 ～ 9 对，在上面略下陷，边缘具细锯齿，叶柄长 5 ～ 10 毫米。花腋生，淡黄色，直径 1.5 ～ 2 厘米，花柄长 2 ～ 4 毫米；苞片 4 ～ 5 片，细小，半圆形，边缘有睫毛；萼片 5 ～ 6 片，半圆形至圆形，直径约 3 毫米，有睫毛；花瓣 6 ～ 8 片，外轮近圆形，直径 4 ～ 7 毫米，先端凹陷，内轮长圆形，长约 1.3 厘米，宽 7 ～ 10 毫米；雄蕊长 8 ～ 10 毫米，外轮花丝基部稍连生，成短管，无毛；子房 3 室，无毛，花柱 3 条，离生，偶有 4 条，长 8 ～ 10 毫米。详见图版 1、图版 2。

【物种分布】广西扶绥、宁明、龙州。

【花期】10 月—翌年 1 月。

【花粉标本采样信息】2019 年 11 月 25 日采自上岳保护站物种基因库 5 号园（N：21° 44′ 45″；E：108° 6′ 44″）；采集人：廖南燕。

【花粉形态】花粉粒为长球形，大小为 41.4（35.0 ～ 43.7）微米 ×23.4（20.5 ～ 28.8）微米，P/E 为 1.77。赤道面观为椭圆形，极面观呈三裂圆形。萌发器官为三拟孔沟，沟较长，近两极，沟两端向里溢缩。外壁表面纹饰为颗粒状纹饰，并覆有间隔较为一致的小孔。详见图版 3。

（二）凹脉金花茶（*Camellia impressinervis* Chang et S. Y. Liang）

【形态特征】常绿灌木，高达 3 米，嫩枝有短粗毛，老枝变秃。叶革质，椭圆形，长 12 ～ 22 厘米，宽 5.5 ～ 8.5 厘米，先端急尖，基部阔楔形或窄而圆，上面深绿色，干后橄榄绿色，有光泽，下面黄褐色，被柔毛，至少在中脉及侧脉上有毛，有黑腺点，侧脉 10 ～ 14 对，与中脉在上面凹陷，在下面强烈凸起，边缘有细锯齿，齿刻相隔 2 ～ 3 毫米，叶柄长 1 厘米，上面有沟，无毛，下面有毛。花 1 ～ 2 朵腋生，花柄粗大，长 6 ～ 7 毫米，无毛；苞片 5 片，新月形，散生于花柄上，无毛，宿存；萼片 5 片，半圆形至圆形，长 4 ～ 8 毫米，无毛，宿存，花瓣 12 片，无毛。雄蕊近离生，花丝无毛；子房无毛，花柱 2 ～ 3 条，无毛。

蒴果扁圆形，2～3室，室间凹入成沟状2～3条，三角扁球形或哑铃形，高约1.8厘米，宽约3厘米，每室有种子1～2粒，果爿厚1～1.5毫米，有宿存苞片及萼片；种子球形，宽约1.5厘米。详见图版4、图版5。

本种和金花茶（*Camellia nitidissima* Chi）接近，但嫩枝有毛，叶阔椭圆形，宽达8.5厘米，背面有毛，侧脉及网脉强烈凹下，侧脉多达14对，花瓣12片，果爿较薄，厚1～1.5毫米，种子每室1～2个。

【物种分布】广西临桂、龙州。

【花期】11月—翌年2月。

【花粉标本采样信息】2020年1月4日采自上岳保护站物种基因库5号园（N：21°44′44″；E：108°6′47″）；采集人：潘韦虎。

【花粉形态】花粉粒为近球形，极轴较赤道轴略短，大小为28.9（26.5～31.4）微米×31.5（29.1～34.6）微米。极面观为三裂三角形；萌发器官为三孔沟，内孔明显，沟两极向里溢缩，中间向外突出。花粉粒外壁表面具瘤状纹饰，穿孔为小穴状，边缘平滑，形状为近圆形，明显凹陷。详见图版6。

（三）中东金花茶（*Camellia achrysantha* H. T. Chang et S. Y. Ling）

【形态特征】常绿灌木，高1～2米，树皮黄褐色。叶革质，长6～9.5厘米，宽2.5～4厘米，有时稍大，先端钝尖，基部宽楔形，上下两面无毛；侧脉5～6对，在上面稍下陷，网脉不明显，边缘具细锯齿，或近全缘；叶柄长5～7毫米。花单生于叶腋，直径 2.5～4 厘米，黄色，花梗下垂，长 5～10 毫米；苞片 4～6 片，半圆形，长 2～3 毫米，外面无毛，内面被白色短柔毛；萼片 5 片，近圆形，长 4～10 毫米，无毛，但内侧有短柔毛；花瓣 10～13 片，外轮近圆形，长 1.5～1.8 厘米，宽 1.2～1.5 厘米，无毛，内轮倒卵形或椭圆形，长 2.5～3 厘米，宽 1.5～2 厘米；雄蕊多数，外轮花丝连成短管，长 1～2 毫米；子房 3 室，无毛，花柱 3 条，长 1.8～2 厘米，分离。详见图版 7、图版 8。

本种近似金花茶（*Camellia nitidissima* Chi），但叶片较短小，椭圆形，薄革质，锯齿不明显，可资区别。

【物种分布】湖南南岳，广东广州，广西南宁、隆安、桂林、平乐、防城、昭平、东兰、扶绥、宁明、龙州。

【花期】12 月—翌年 3 月。

【花粉标本采样信息】2020 年 1 月 4 日采自上岳保护站物种基因库 5 号园（N：21° 44′ 44″；E：108° 6′ 47″）；采集人：潘韦虎。

【花粉形态】花粉粒为近球形，大小为 38.1（34.2～41.9）微米 ×32.4（27.9～38.2）微米。萌发器官为三孔沟，内孔横长。赤道面观为椭圆形，极面观呈三裂圆形。外壁表面纹饰为脑纹状纹饰，小孔密集分布均匀，网脊部分隆起，网眼大小不均。详见图版 9。

（四）直脉金花茶（*Camellia longgangensis* var. *patens* S. L. Mo et Y. C. Zhong）

【形态特征】常绿灌木，嫩枝无毛。叶纸质或薄革质，椭圆形或倒卵状椭圆形，亦有长卵形，长 11～14 厘米，宽 4～7 厘米，先端急尖或渐尖，基部圆形或钝，上面干后灰褐色，下面无毛；侧脉 7～9 对，在上面明显，在下面凸起，边缘有细锯齿；叶柄长 8～10 毫米。花单生于叶腋，黄色，直径 2.5～3.5 厘米，花柄长 3～4 毫米，苞片半圆形，细小，4～5 片，宿存；萼片 5 片，近圆形，长 3～6 毫米，外侧秃净；花瓣 7～9 片，稀更多，倒卵形，长 1.2～2 厘米，外侧有短柔毛；雄蕊长约 1.2 厘米，外轮花丝基部略连生；子房无毛，花柱 3 条，离生，长 8～10 毫米。蒴果扁三角球形，直径 2～3 厘米，每室有种子 1～2 个，果皮厚约 1 毫米；种子被褐色柔毛。详见图版 10、图版 11。

【物种分布】广西宁明、龙州。

【花期】1—3 月。

【花粉标本采样信息】2020 年 1 月 29 日采自上岳保护站物种基因库 5 号园（N：21° 44′ 44″；E：108° 6′ 52″）；采集人：潘韦虎。

【花粉形态】花粉粒为长球形，大小为 38.3（25.9～43.0）微米 × 29.5（25.2～34.9）微米。赤道面观为椭圆形，极面观呈三裂圆形。萌发器官为三孔沟，内孔横长。外壁表面纹饰为瘤状纹饰，小孔分布均匀，直脉金花茶网脊稍隆起。详见图版 12。

（五）柠檬金花茶（*Camellia limonia* C. F. Liang et Mo）

【形态特征】灌木，小乔木，或灌木状；株高 2～4 米，树皮灰褐色，嫩枝黄褐或紫褐色；幼枝无毛；叶薄革质或近膜质，椭圆形，长约 10 厘米，先端短钝尖，基部楔形或近圆形，两面无毛，侧脉 6 对，具纯锯齿；叶柄长 0.7～1 厘米，无毛；花单生枝顶，白色，径约 3 厘米；花梗长约 6 毫米，无毛；苞片 6 片，半圆形，长 1～2 毫米，无毛，宿存；萼片 5 片，圆形，长 4～5 毫米，无毛；花瓣 8～9 片，外层 4 片圆形，长约 1 厘米，无毛，内面被绢毛，内层 4～5 片倒卵形，长 1.5～1.7 厘米，基部连合 3～4 毫米；雄蕊与花瓣等长，花丝筒长 6 毫米；子房无毛，花柱 3 条，长约 1.3 厘米；蒴果扁球形，径约 4 厘米，果爿薄。详见图版 13、图版 14。

【物种分布】广西扶绥、宁明、龙州。

【花期】11 月—翌年 1 月。

【花粉标本采样信息】2020 年 1 月 4 日采自上岳保护站物种基因库 5 号园（N：21° 44′ 44″；E：108° 6′ 50″）；采集人：潘韦虎。

【花粉形态】花粉粒为长球形，沟中间隆起。大小为 37.6（34～41.1）微米 ×23.0（20.9～25.0）微米，赤道面观为椭圆形，极面观呈三裂圆形。萌发器官为三拟孔沟，外壁表面纹饰为脑状纹饰，具凹陷小孔。详见图版 15。

（六）薄叶金花茶（*Camellia chrysanthoides* H. T. Chang）

【形态特征】常绿灌木，高达 2.5 米，嫩枝无毛。叶膜质，长圆形或倒披针形，长 10～15 厘米，宽 3～5.5 厘米，先端渐尖或急短尖，基部楔形或狭窄而略钝，上面干后灰褐色，暗晦，无毛，下面浅褐色，无毛，有黑腺点；侧脉 9～11 对，与中脉在上面凹陷，在下面凸起，边缘有细锯齿；叶柄长约 1 厘米，无毛。

花腋生，直径 4～5.5 厘米，有短柄；苞片 4～6 片；萼片 5 片，近圆形，长 3～5 毫米，被微毛；花瓣 8～9 片，基部略生，先端略尖；雄蕊长 1.3～1.5 厘米；子房无毛，花柱 3 条，离生，纤细，无毛。蒴果腋生，扁三角球形，宽约 4.5 厘米，高约 2.5 厘米，无毛，3 室，每室有种子 1～2 粒，3 片裂开，果爿薄，厚不及 1 毫米，无中轴，果柄长 6～7 毫米，有宿存苞片 3～4 片，苞片半圆形，长 1～1.5 毫米，宽 2～3 毫米，无毛；宿存萼片 5 片，半圆形至圆形，长 4～7 毫米，宽 5～8 毫米，无毛。详见图版 16、图版 17。

【物种分布】广西宁明、龙州。

【花期】11 月—翌年 1 月。

【花粉标本采样信息】2020 年 1 月 4 日采自上岳保护站物种基因库 5 号园（N：21° 44′ 44″；E：108° 6′ 51″）；采集人：潘韦虎。

【花粉形态】花粉粒为长球形，大小为 38.2（35.7～41.1）微米 ×21.7（20.4～22.8）微米，赤道面观为椭圆形，极面观呈三裂圆形。萌发器官为三拟孔沟，外壁表面纹饰为脑纹状纹饰，不规则出现皱波状凸起。详见图版 18。

（七）小果金花茶［*Camellia petelotii* var. *microcarpa*（S. L. Mo et S. Z. Huang）T. L. Ming et W. J. Zhang］

【形态特征】常绿灌木，高 2～3 米。叶互生；叶柄长 0.5～1.2 厘米，无毛；叶片革质，椭圆形至状椭圆形，长 10～15 厘米，宽 4～6 厘米，先端急尖或尾状渐尖，基部楔形或圆形，边缘稍向背面反卷，具骨质小锯齿，齿端有一黑色小腺点；侧脉 6 ～ 8 对，在下面凸起。花单生或 2 ～ 3 朵聚生于叶腋；苞片 5 ～ 6 片，边缘具缘毛；萼片 4 ～ 5 片，半圆形或宽卵形，长 0.3 ～ 0.6 厘米，内面被短柔毛；花瓣 8 ～ 9 片，金黄色，边缘具小缘毛；雄蕊约 150 枚，分数轮排列；雌蕊长约 1.5 厘米，子房三角状圆锥形或扁球形，花柱 3 条，完全分离。蒴果近球形或三角状扁球形，直径 1.5 ～ 2.5 厘米。种子近球形或微具角棱。详见图版 19、图版 20。

【物种分布】广西南宁、容县、天等，贵州晴隆，云南弥勒。

【花期】10 月—翌年 1 月。

【花粉标本采样信息】2020 年 1 月 4 日采自上岳保护站物种基因库 5 号园（N：21° 44′ 44″；E：108° 6′ 52″）；采集人：潘韦虎。

【花粉形态】花粉粒为长球形，大小为 40.2（33.9 ～ 44.0）微米 × 28.7（25.5 ～ 33.4）微米。赤道面观为椭圆形，极面观呈三裂圆形。萌发器官为三孔沟，内孔明显，沟两极明显向里溢缩，中间向外凸出，外壁表面纹饰为脑纹状纹饰，具凹陷小孔，花粉粒表面不光滑，网眼大多比较小，形状为不规则圆形。详见图版 21。

（八）四季金花茶（*Camellia ptilosperma* S. Y. Liang et Q. D. Chen）

【形态特征】常绿灌木，高 1.5 ～ 4 米，嫩枝红褐色，嫩叶浅紫色，无毛，老叶近革质，椭圆形至长椭圆形，先端尾状渐尖，基部宽楔形。花通常单生，或 2 朵聚生、腋生或顶生，花蕾期表面紫红色或淡红色，开放后为黄色而带紫斑，花径 3.5 ～ 4.5

厘米，淡黄色，花朵有花瓣 8～12 片，子房近球形；花柱 3 条，完全分离。花期 5 月始花，7—8 月盛花，9 月—翌年 4 月均有少量花开放，故称"四季金花茶"。本种也称"毛籽金花茶"。详见图版 22、图版 23。

【物种分布】广西宁明。

【花期】全年。

【花粉标本采样信息】2019 年 12 月 20 日采自大新县桐相（N：22° 38′ 43″；E：107° 16′ 31″）；采集人：朱锡纯、潘韦虎。

【花粉形态】花粉粒为近球形，大小为 30.7（28.4～32.7）微米 ×32.1（28.2～34.8）微米。赤道面观近圆形，极面观近三裂钝圆三角形。萌发器官为三孔沟，内孔明显。外壁为脑纹状纹饰，网脊凸起较明显。详见图版 24。

（九）小花金花茶（*Camellia micrantha* S. Y. Liang et Y. C. Zhong et Liang et al.）

【形态特征】常绿灌木，嫩枝无毛。叶革质，椭圆形或倒卵形，长 10～15 厘米，宽 4～7 厘米，先端锐尖，基部钝或略圆，上面干后黄绿色，下面无毛，侧脉 6～9 对，边缘具锯齿，叶柄 6～10 毫米；花 1～3 朵腋生，直径 1.5～2.5 厘米，淡黄色，苞片 5～7 片，半圆形，长 2～3 毫米，宿存；萼片近圆形，长 3～4 毫米，花瓣 6～8 片，长 7～20 毫米，雄蕊多数，外轮花丝基部连生；子房被白色柔毛，花柱 3 条，离生，长 1～1.5 厘米。蒴果扁球形，直径 3～3.5 厘米，具宿存苞片及萼片，果皮厚 1～3 毫米，种子每室 1～2 个，无毛。详见图版 25、图版 26。

【物种分布】广西南宁、宁明、凭祥。

【花期】10—12月。

【花粉标本采样信息】2019年11月25日采自上岳保护站物种基因库5号园（N：21° 44′ 45″；E：108° 6′ 44″）；采集人：廖南燕。

【花粉形态】花粉粒长球形，大小为41.0（37.4～43.6）微米×24.1（22.3～25.2）微米。赤道面观为椭圆形，极面观为三裂圆形。萌发器官为三拟孔沟，外壁表面纹饰为脑纹状纹饰，网脊不规则隆起，具凹陷小孔。详见图版27。

（十）顶生金花茶［*Camellia pingguoensis* var. *terminalis*（J. Y. Liang et Z. M. Su）T. L. Ming et W. J. Zhang］

【形态特征】常绿灌木，高1～2米，小枝密集，纤细，叶薄革质，长2.5～8厘米；花金黄色，单生于顶枝，故得名"顶生金花茶"。花径4～4.5厘米，花朵有花瓣7～9片；子房球形、3室、无毛；花柱顶端3裂，基部合生、无毛。详见图版28、图版29。

【物种分布】广西南宁、天等。

【花期】10—12月。

【花粉标本采样信息】2019年12月20日采自大新县垌相（N：22° 38′ 43″；E：107° 16′ 31″）；采集人：朱锡纯、潘韦虎。

【花粉形态】花粉粒近球形，大小为31.0（27.7～34.6）微米×30.5（26.3～34.7）微米。赤道面观为钝圆四边形，极面观呈三裂钝圆三角形。萌发器官为三孔沟，内孔明显，沟两极明显向里溢缩，赤道另外凸起，外壁表面纹饰为瘤状纹饰，表面不光滑。详见图版 30。

（十一）淡黄金花茶（*Camellia flavida* H. T. Chang）

【形态特征】常绿灌木，高达 3 米，嫩枝无毛。叶革质，长圆形或椭圆形，长 8～10 厘米，宽 3～4.5 厘米，先端渐尖，基部阔楔形，上面干后灰褐色，无光泽，无毛，下面浅褐色，无毛；侧脉 6～7 对，在上面略下陷，在下面凸起，网脉在下面明显，边缘有细锯齿，叶柄 6～8 毫米，无毛。花顶生，花柄长 1～2 毫米；苞片 4～5 片，半圆形，长 1.5～2.5 毫米，无毛；萼片 5 片，近圆形，长 6～8 毫米，无毛，或背面上部多少有毛，离生；花瓣 8 片，倒卵圆形，淡黄色，长约 1.5 厘米，无毛；雄蕊离生，无毛；子房无毛；花柱 3 条，完全分离，无毛。蒴果球形，直径约 1.7 厘米，1 室，有种子 1 粒，果壳 2 片裂开，厚 1～1.5 毫米。种子圆球形，宽约 1.3 厘米；有宿存萼片及苞片。详见图版 31、图版 32。

【物种分布】广西宁明、龙州。

【花期】8—11 月。

【花粉标本采样信息】2019 年 11 月 25 日采自上岳保护站物种基因库 5 号园（N：21° 44′ 45″；E：108° 6′ 44″）；采集人：廖南燕。

【花粉形态】花粉粒近球形，大小为 34.1（29.4～36.8）微米 × 31.1（27～33.4）微米。赤道面观为近圆形，极面观呈三裂钝圆三角形。萌发器官为三孔沟，内孔明显，沟两极明显向里溢缩，赤道处内孔凸起，外壁表面纹饰为脑纹状纹饰，具凹陷小孔，略大。详见图版 33。

（十二）显脉金花茶（*Camellia euphlebia* Merr. ex Sealy）

【形态特征】常绿灌木或小乔木，嫩枝无毛。叶革质，椭圆形，长 12～20 厘米，先端急短尖，基部钝或近圆形，上面干后稍发亮，下面无腺点，侧脉 10～12 对，在上面稍下陷，在下面显著凸起，边缘密生细锯齿，叶柄长 1 厘米。花单生于叶腋，花柄长 4～5 毫米，苞片 8 片，半圆形至圆形，长 2～5 毫米；萼片 5 片，近圆形，长 5～6 毫米；花瓣 8～9 片，金黄色，倒卵形，长 3～4 厘米，基部连生 5～8 毫米；雄蕊长 3～3.5 厘米，外轮花丝基部连生约 1 厘米，花药长约 2 毫米；子房无毛，3 室；花柱 3 条，离生，长 2～2.5 厘米。详见图版 34、图版 35。

【物种分布】广西防城港、东兴、博白。

【花期】11 月—翌年 2 月。

【花粉标本采样信息】2019 年 11 月 25 日采自上岳保护站物种基因库 4 号园（N：21° 44′ 44″；E：108° 6′ 45″）；采集人：朱锡纯。

【花粉形态】花粉粒近球形，大小为 35.3（32.5～38.0）微米 ×34.3（28.5～36.7）微米。赤道面观为圆形，极面观呈三裂圆形。萌发器官为三孔沟，内孔明显且横长，沟两极明显向里溢缩，中间向外凸出，外壁表面纹饰为脑纹状纹饰，网脊凸起明显。详见图版 36。

（十三）平果金花茶（*Camellia pingguoensis* D. Fang）

【形态特征】常绿灌木，高 2～3 米，嫩枝无毛，枝条纤细，树形美观；嫩叶暗红色，叶革质，卵形或长卵形，长 4.5～6.6 厘米，宽 2.5～3.2 厘米；花腋生，淡黄色，直径 1.5～2.5 厘米，花瓣 5～6 片，近圆形或卵形，基部连生；子房近球形，无毛，3 室，花柱 3 条、离生，长 4～6 毫米。蒴果球形，直径 1～1.3 厘米。详见图版 37、图版 38。

【物种分布】广西平果、天等。

【花期】10 月—翌年 1 月。

【花粉标本采样信息】2019 年 11 月 25 日采自上岳保护站物种基因库 4 号园（N：21° 44′ 44″；E：108° 6′ 44″）；采集人：朱锡纯。

【花粉形态】花粉粒长球形，大小为 35.8（32.9～38.8）微米 ×21.5（18.8～27.9）微米。赤道面观为椭圆形，极面观呈三裂圆形。萌发器官为三拟孔沟，沟明显向里溢缩，外壁表面纹饰为瘤状纹饰，呈不规则凸起。详见图版 39。

（十四）弄岗金花茶［*Camellia grandis*（Liang et Mo）Chang et S. Y. Liang］

【形态特征】常绿灌木，嫩枝无毛。叶纸质或薄革质，椭圆形或倒卵状椭圆形，亦有长卵形，长 11～14 厘米，宽 4～7 厘米，先端急尖或渐尖，基部圆形或钝，上面干后灰褐色，下面无毛，侧脉 7～9 对，在上面明显，在下面凸起，边缘有细锯齿，叶柄长 8～10 毫米。花单生于叶腋，黄色，直径 2.5～3.5 厘米，花柄长 3～4 毫米，苞片半圆形，细小，4～5 片，宿存；萼片 5 片，近圆形，长 3～6 毫米，外侧秃净；花瓣 7～9 片，稀更多，倒卵形，长 1.2～2 厘米，外侧有短柔毛；雄蕊长约 1.2

厘米，外轮花丝基部略连生；子房无毛，花柱3条，离生，长8～10毫米。蒴果扁三角球形，直径2～3厘米，每室有种子1～2个，果皮厚约1毫米；种子被褐色柔毛。详见图版40、图版41。

【物种分布】广西宁明、龙州。

【花期】9—12月。

【花粉标本采样信息】2019年11月25日采自上岳保护站物种基因库4号园（N：21°44′44″；E：108°6′44″）；采集人：廖南燕。

【花粉形态】花粉粒长球形，大小为39.1（36.1～42.5）微米×26.5（24.9～28.4）微米。赤道面观为椭圆形，极面观呈三裂圆形。萌发器官为三拟孔沟，沟明显向里凹陷，外壁表面纹饰为颗粒状纹饰，网脊隆起，具凹陷小孔。详见图版42。

（十五）东兴金花茶（*Camellia tunghinensis* Chang）

【形态特征】常绿灌木，高达2米，嫩枝纤细，无毛。叶薄革质，椭圆形，长5～9厘米，宽3～4厘米，先端急尖，基部阔楔形，上面淡绿色，干后不发亮，下面无毛，有黑腺点，侧脉4～5对，与网脉在上面明显，在下面凸起，边缘上半部有钝锯齿，叶柄长8～15毫米。花金黄色，直径4厘米，花柄长9～13毫米；苞片6～7片，细小，分散于花柄上，萼片5片，近圆形，长2～5毫米，背有毛，或有睫毛；花瓣8～9片，基部连合2～4毫米，倒卵形，长1～2厘米，无毛；雄蕊多数，4～5列，外轮花丝基部连生2～5毫米，无毛；子房无毛，3室，花柱3条，离生，长1.5～1.8厘米。蒴果球形，直径约2厘米，

1 室，果爿极薄。详见图版 43、图版 44。

【物种分布】广西防城港。

【花期】10—12 月。

【花粉标本采样信息】2020 年 12 月 4 日采自上岳保护站物种基因库 5 号园（N：21° 44′ 45″；E：108° 6′ 48″）；采集人：潘韦虎。

【花粉形态】花粉粒长球形，大小为 40.8（36.2 ～ 43.9）微米 ×27.7（22.4 ～ 29.7）微米。赤道面观为椭圆形，极面观呈三裂圆形。萌发器官为三拟孔沟，沟明显向里溢缩，外壁表面纹饰为瘤状纹饰，网脊不规则隆起，具凹陷小孔。详见图版 45。

（十六）防城金花茶（*Camellia chrysantha* var. *phaeopubisperma* S. Y. Liang）

【形态特征】常绿灌木或小乔木，高 2 ～ 6 米，树皮灰白色，平滑。叶互生，宽披针形至长椭圆形。花单生叶腋或近顶生，花金黄色，开放时呈杯状、壶状或碗状，径 3 ～ 3.5 厘米；花瓣 9 ～ 11 片，阔卵形至倒卵形或矩圆形，肉质，具蜡质光泽。蒴果三角状扁球形，黄绿色或紫褐色；果期 10—12 月。详见图版 46、图版 47。

【物种分布】广西防城港。

【花期】11 月—翌年 3 月。

【花粉标本采样信息】2020 年 1 月 4 日采自上岳保护站物种基因库 5 号园（N：21° 44′ 43″；E：108° 6′ 48″）；采集人：廖南燕。

【花粉形态】花粉粒长球形，大小为 48.6（44.0 ～ 52.5）微

米 ×33.4（31.0～39.3）微米。赤道面观为椭圆形，极面观呈三裂圆形。萌发器官为三拟孔沟，沟明显向里溢缩，外壁表面纹饰为脑纹状纹饰，网脊不规则隆起，具不规则分布凹陷小孔，小孔为近圆形。详见图版 48。

（十七）抱茎金花茶（*Camellia tiennii*）

【形态特征】常绿灌木，高达 3 米，嫩枝红褐色，无毛。老叶椭长圆形，叶脉明显，其有明显凹陷，叶长 25～30 厘米，浓绿，叶子和茎紧紧相抱，故称"抱茎金花茶"；花直径 4～8 厘米。其奇特外形和花带给园艺观赏带来无限乐趣，堪称"金花茶奇珍"。详见图版 49、图版 50。

【物种分布】广西宁明、龙州。

【花期】11 月—翌年 3 月。

【花粉标本采样信息】2020 年 1 月 4 日采自上岳保护站物种基因库 5 号园（N：21° 44′ 47″；E：108° 6′ 46″）；采集人：潘韦虎。

【花粉形态】花粉粒长球形，大小为 40.1（32.0～43.3）微米 ×31.9（29.1～33.1）微米。赤道面观为椭圆形，极面观呈三裂圆形。萌发器官为三孔沟，内孔较长，沟从两极开始明显溢缩，外壁表面纹饰为脑纹状纹饰，具凹陷小孔，分布较一致，小孔为近圆形。详见图版 51。

（十八）金花茶越南种（*Camellia* sp.）

【形态特征】常绿灌木，高 2～3 米，嫩枝无毛。叶革质，长圆形，长 11 ～ 16 厘米，宽 2.5 ～ 4.5 厘米。花黄色，腋生，单独，花柄长 7 ～ 10 毫米；苞片 5 片，散生，阔卵形，长 2 ～ 3 毫米，宽 3 ～ 5 毫米；萼片 5 片，卵圆形至圆形，长 4 ～ 8 毫米，宽 7 ～ 8 毫米；花瓣 8 ～ 12 片，近圆形，长 1.5 ～ 3 厘米，宽 1.2 ～ 2 厘米；子房 3 ～ 4 室，花柱 3 ～ 4 条，无毛，长约 1.8 厘米。蒴果扁三角球形，长约 3.5 厘米，宽约 4.5 厘米，3 片裂开。详见图版 52、图版 53。

【花期】11 月—翌年 2 月。

【花粉标本采样信息】2020 年 1 月 4 日采自上岳保护站物种基因库 5 号园（N：21° 44′ 44″；E：108° 6′ 47″）；采集人：潘韦虎。

【花粉形态】花粉粒为近球形，大小为 37.1（34.1 ～ 39.7）微米 × 30.3（28.3 ～ 34.1）微米。赤道面观为近圆形，极面观呈三裂圆形。萌发器官为三孔沟，内孔明显，沟两极明显向里溢缩，外壁表面纹饰为脑纹状纹饰。详见图版 54。

三、金花茶花粉研学之旅及其文创产品

（一）金花茶花粉研学之旅

作为"看得见的学习历程，带得走的成长收获"，研学之旅越来越受到学校、家长及孩子们的欢迎。金花茶花粉本身是非常美丽的，但由于其个体太小，必须借助显微镜才能"一睹芳容"。扫描电子显微镜拍到的花粉照片是黑白的，可以通过 Photoshop

等软件对花粉进行着色处理,突出金花茶花粉萌发器官的结构,展现其不为人知的另一面,为孩子们揭示一个显微镜下的"花花世界"(部分金花茶 PS 照片见图版 55 至图版 57)。

在广西防城金花茶国家级自然保护区开展以金花茶为主题的研学之旅,带领孩子们从小认识各种金花茶植物,并通过展示金花茶花粉精美的电子显微镜照片,让孩子们开展与金花茶花粉有关的涂鸦、填图、绘画等相关实践活动。同时,在保护区花粉实验室建立以后,可以开展现场采集金花茶花粉标本、实验室提取花粉、显微镜下观察及拍照等一系列的野外实习和室内操作的"神奇的金花茶花粉之旅"。此外,还可以定期举办金花茶摄影、金花茶花粉精美照片等的科普展览。

广西防城金花茶国家级自然保护区可以发挥防城港市濒临北部湾的地理优势,与北仑河口红树林自然保护区合作,将金花茶与红树林很好地结合起来。在十万大山里观赏完"茶族皇后""植物界的大熊猫"——金花茶之后,就可以到北部湾海边去现场感受有"海岸卫士"美誉的"海上森林"——红树林的豪情。孩子们可以深刻感受大自然的造化神奇,不仅可以观赏在幽闭的深山培育出的美丽金花茶,还可以看到在浩瀚的海边生长着一片片神奇的红树林,激发他们对大自然真挚的热爱,在他们心里种下一颗颗保护自然、爱护自然,长大后研究自然、回馈自然的种子。

(二)金花茶文创产品

防城港市作为生态宜居的海湾之城,地处中国大陆海岸线西南端,北连南宁市,南临北部湾,东接钦州市,西邻越南,是金花茶在世界上分布最为集中的地区。金花茶是防城港市市花。市内直接连接港口区—新行政中心区—防城区的"南北交通大动脉"，堪称市内最繁华的公路，就以金花茶来命名——"金花茶大道"。市内拥有我国唯一的金花茶国家级自然保护区及金花茶种植园、示范基地、科研机构、企业等一系列相关单位，良好的自身优势有利于在防城港市开展金花茶相关科普旅游文创产品的研制与开发。

积极面对在保护金花茶组濒危植物时所遇到的各种问题，以金花茶自然保护区为主导，为保护工作提供有利的经济支持和人文支持。以保护为前提搞开发，引入资本对金花茶旅游产品进行改造，挖掘与利用金花茶作为独具特色的旅游资源的科学内涵，通过科普旅游的带动效应，宣传并引导旅游者参与到保护金花茶组濒危植物的行动中来。防城港市金花茶科普旅游产品的开发，特别要重视学生市场与老年人市场，逐步扩大产品覆盖面，提升产品影响力。以金花茶花粉为例，可以用3D打印金花茶花粉，制作花粉玩偶、小配件、纪念品等（图版58）。这样既可以满足广大游客对金花茶科普知识的需求，也能够让更多的人认识、了解金花茶组濒危植物的重要性，提高公众保护金花茶组濒危植物的观念和意识。

金花茶大事记

1590年，《本草纲目·山茶》记载："山茶产南方，深冬开花，红瓣黄蕊，花有数种……或云亦有黄色者"；

1933年，植物学家左景烈在中国广西的十万大山首次发现金黄色的山茶花；

1948年，植物学家戚经文将左景烈发现的金黄色山茶花正式命名为"亮叶离蕊茶"，学名"*Camellia nitidissima* C.W. Chi"；

1965年，中国著名植物学家胡先骕教授将这种生长为金黄色山茶花的珍稀植物命名为"金花茶"，因其营养价值极高、古老罕见，又被誉为"植物界大熊猫""茶族皇后"；

1984年7月，国务院环境保护委员会公布第一批《珍稀濒危保护植物名录》，金花茶被列为国家一级保护植物；

1986年，经广西壮族自治区人民政府批准，建立广西防城上岳金花茶自治区级自然保护区，同时批准建立保护区管理机构广西防城上岳金花茶自然保护区管理站，并在站内建立了世界上独一无二的金花茶基因库；

1994年，经国务院批准，广西防城上岳金花茶自治区级自然保护区晋升为国家级自然保护区，成为我国唯一以金花茶命名的国家级自然保护区；

1996年，经广西壮族自治区机构编制委员会批准广西防城上岳金花茶自然保护区管理站增挂广西壮族自治区金花茶科学研究所牌子；

2002年，金花茶被防城港市命名为市花；

2008年，金花茶项目被国务院审批为北部湾经济开发区整体布局重点项目；

2009 年，国家林业局授予防城港市防城区"中国金花茶之乡"称号；

2010 年，金花茶被批准为国家新资源食品，其食用部位为叶；

2011 年，防城金花茶被认定为地理标志保护产品，列入《广西壮族自治区壮药质量标准（第二卷）》；

2012 年，成立防城港金花茶产业协会；

2012 年，金花茶产业被列入防城港市"十二五"规划重点项目；

2015 年，防城港金花茶被列入国家生态原产地产品保护认证，同时金花茶产业被列入防城港市"十三五"规划重点项目；

2016 年，防城港市防城区已建成我国首个国家级金花茶生态原产地产品保护示范区；

2019 年，广西防城金花茶国家级自然保护区与南宁师范大学联合共建北部湾防城港海陆交互关键带野外科学观测研究站；

2021 年，《国家重点保护野生植物名录》确定山茶属金花茶茶组（所有种）为国家二级保护野生植物。

参考文献

[1] G.埃尔特曼.孢粉学手册[M].中国科学院植物研究所古植物研究室孢粉组译.北京：科学出版社，1978.

[2] 敖成齐.山茶属*Camellia*植物花粉形态的光学显微镜观察[J].安徽师范大学学报（自然科学版），2004，27（3）：318-231.

[3] 敖成齐，陈功锡，张国萍，等.山茶属花粉外壁表面微形态特征的研究[J].云南植物研究，2002，24（5）：619-626.

[4] 宾晓芸.金花茶遗传多样性和居群遗传结构的ISSR，RAPD和AFLP分析[D].桂林：广西师范大学，2005.

[5] 柴胜丰，蒋运生，宁世江，等.广西石灰岩特有珍稀濒危植物毛瓣金花茶的伴生群落特征[J].广西科学院学报，2020，36（1）：45-55.

[6] 柴胜丰，韦霄，蒋运生，等.濒危植物金花茶开花物候和生殖构件特征[J].热带亚热带植物学报，2009，17（1）：5-11.

[7] 陈亮，童启庆，高其康，等.山茶属8种1变种花粉形态比较[J].茶叶科学，1997，（2）：183-188.

[8] 陈卉.花粉的营养及食疗作用[J].国土绿化，2007（1）：40.

[9] 陈俊愉.金茶花育种十四年[J].北京林业大学学报，1987，9（3）：314-320.

[10] 陈俊愉，汪小兰.金花茶新变种：防城金花茶[J].北京林业大学学报，1987（2）：154-157.

[11] 陈俏蓉，刘付月清，林思诚，等.金花茶的引种及栽培技术要点[J].南方农业.2018，12（20）：56-57.

[12] 陈思宁.不同光照条件下5种金花茶的适应性研究[D].广州：华南农业大学，2017.

[13] 陈莹，郭蓓琳，姚丽敏，等.基于DNA条形码进行金花茶组种间鉴别[J].种子，2021，40（2）：139-142.

[14] 陈永欣，吕淑娟，韦锦斌.金花茶化学成分和药理作用研究进展[J].广西中医药，2013，36（1）：4-6.

[15] 陈月圆，黄永林，关永新.金花茶植物化学成分和药理作用研究进展[J].广西热带农业，2009（1）：14-16.

[16] 曹芬，樊兰兰.金花茶研究进展[J].中国药业，2013，22（4）：95-96.

[17] 邓桂英.我国金花茶研究的文献分析[J].广西热带农业，2001（1）：

40-42.

[18] 邓桂英，杨振德，卢天玲．我国金花茶研究概述[J]．广西农业生物科学，2000，19（2）：126-130.

[19] 邓家刚．桂本草：第1卷[M]．北京：北京科学技术出版社，2013.

[20] 邓荫伟，于宏达，潘磊，等．金花茶不同种植密度经济效益分析[J]．福建林业科技，2021，48（1）：45-49.

[21] 杜鸿志，汤文敏，刘青，等．金花茶本草考证和物种鉴定的研究进展[J]．世界科学技术—中医药现代化，2020，22（9）：3136-3141.

[22] 方伟，杨俊波，杨世雄，等．基于叶绿体四个DNA片段联合分析探讨山茶属长柄山茶组、金花茶组和超长柄茶组的系统位置与亲缘关系[J]．云南植物研究，2010，32（1）：1-13.

[23] 房柱．花粉[M]．北京：农业出版社，1985.

[24] 冯琪，田琳，赵艺璇，等．5种鼠尾草属观赏植物的花粉形态特征[J]．河南农业科学，2021，50（4）：131-136.

[25] 冯桥．金花茶的研究概况[J]．中国民族民间医药．2016，25（4）：54-56.

[26] 葛玉珍，邹丽霞，唐广田，等．迁地保护下7种金花茶的物候特征的初步研究[J]．江西农业学报，2009，21（4）：59-60.

[27] 广西植物研究所．广西植物志[M]．南宁：广西科学技术出版社，1965.

[28] 广西壮族自治区环境保护局，广西植物研究所．金花茶彩色图集[M]．南宁：广西科学技术出版社，1992.

[29] 广西壮族自治区卫生厅．广西中药材标准[M]．南宁：广西科学技术出版社，1990.

[30] 韩子云，郑卓，马嫦，等．我国主要杉科花粉扫描电镜特征及化石水松的花粉形态鉴别[J]．微体古生物学报，2018，35（1）：41-50.

[31] 郝秀东，欧阳绪红，谢世友，等．喀斯特山地典型植被恢复过程中表土孢粉与植被的关系[J]．生态学报，2011，31（10）：2678-2686.

[32] 郝秀东，欧阳绪红，谢世友，等．重庆喀斯特地区现代花粉组合与植被的关系[J]．生态学报，2020，40（15）：5266-5276.

[33] 郝秀东，欧阳绪红，郑丽波，等．浙江嵊州西白山表土花粉的初步研究[J]．地理科学，2020，40（6）：1010-1018.

[34] 洪永辉，陈天增，方炜，等．广西防城金花茶育种群体选择及营建技术研究[J]．林业勘察设计，2020，40（1）：9-12.

[35] 洪永辉，陈天增，林能庆．金花茶种质资源收集保存与评价[J]．防护林

科技，2020，198（3）：75-78.

[36] 洪永辉，王如均，郭国英．防城金花茶育种群体分类标准及评价方法[J]．林业勘察设计，2021，41（1）：20-24.

[37] 洪永辉，曾毓，陈天增，等．珍稀濒危植物金花茶在福建适应性及开发利用探讨[J]．林业勘察设计，2016，36（3）：18-24.

[38] 胡先骕．中国山茶属与连蕊茶新种与新变种[J]．植物分类学报，1965，10（2）：139-140.

[39] 黄付平．防城金花茶植物群落类型的研究[J]．广西林业科学，2001，30（1）：35-38.

[40] 黄付平．防城金花茶林地土壤生化特性的研究[J]．广西林业科学，2000，29（4）：178-181.

[41] 黄明钗，史艳财，韦霄，等．珍稀濒危植物金花茶的点格局分析[J]．生态学杂志，2013，32（5）：1127-1134.

[42] 黄瑞斌，和太平，庄嘉，等．广西防城港市金花茶组植物资源及其保育对策[J]．广西农业生物科学，2007，26（增1）：32-37.

[43] 黄晓娜，漆亚，李志辉，等．12种金花茶组植物在南宁市的物候期观测[J]．农业研究与应用，2020，33（1）：40-44.

[44] 江德昕，杨惠秋．油源孢粉学[M]．北京：科学出版社，2013.

[45] 蒋立科．花粉的采集与利用[M]．合肥：安徽科学技术出版社，1989.

[46] 孔昭宸，张芸，王力，等．中国孢粉学的过去、现在及未来——侧重第四纪孢粉学[J]．科学通报，2018，63（2）：164-171.

[47] 赖彦池．凹脉金花茶的保护遗传学研究[D]．桂林：广西师范大学，2021.

[48] 蓝盛银．植物花粉剥离观察扫描电镜图解[M]．北京：科学出版社，1991.

[49] 蓝盛银，徐珍秀．植物花粉剥离观察扫描电镜图解[M]．北京：科学出版社，1996.

[50] 李广清，孙立，刘燕．山茶属连蕊茶组6种植物花粉形态特征研究[J]．热带亚热带植物学报，2005，13（1）：40-44.

[51] 李时珍．本草纲目：下册[M]．金陵版排印本．北京：人民卫生出版社，1999.

[52] 李树刚，梁畴芬．金花茶拉丁名要更改[J]．广西植物，1992，12（1）：95-96.

[53] 李天庆．中国木本植物花粉电镜扫描图志[M]．北京：科学出版社，2011.

[54] 李耀龙．连翘花粉、柱头、花柱和叶表皮的扫描电镜观察[J]．宁夏师范学院学报，2010，31（3）：48-52.

[55] 李英华，胡福良，朱威，等．我国花粉化学成分的研究进展[J]．养蜂科技，2005（4）：7-16.

[56] 李振芳，王颖，胥保华．泰山地区早春七种蜜粉源植物花粉形态扫描电镜观察[J]．山东农业大学学报（自然科学版），2021，52（3）：461-465.

[57] 梁机，杨振德，黄素梅．八种金花茶植物可溶性蛋白质电泳分析及其亲缘关系初探[J]．广西农业大学学报，1998（S1）：1-5.

[58] 梁盛业．金花茶植物分类研究及其生态地理分布特点[J]．广西林业科技，1989（1）：1-3.

[59] 梁盛业．广西金花茶植物的初步研究[J]．广西林业科技，1990（1）：1-42.

[60] 梁盛业．金花茶[M]．北京：中国林业出版社，1993.

[61] 梁盛业，陆敏珠．中国金花茶栽培与开发利用[M]．北京：中国林业出版社，2005.

[62] 梁盛业，谢永泉，徐峰．凹脉金花茶的识别及其花粉形态、木材构造研究[J]．广西林业科技，1988（3）：25-27.

[63] 梁盛业，邹琦丽．毛籽金花茶的识别及其花粉形态[J]．广西林业科技，1983（1）：35-36.

[64] 廖汉刃，卢天玲，李致富．六种金花茶花粉染色体的观察[J]．广西农学院学报，1988，7（3）：39-42.

[65] 廖南燕，吴儒华，杨海娟，等．防城港市金花茶产业发展初步研究[J]．绿色科技，2016（9）：135-137.

[66] 刘炳仑．孢粉学及其各分支学科简介[J]．自然杂志，1988，11（11）：824-825.

[67] 刘炳仑．迅速发展中的海洋孢粉学[J]．海洋湖沼通报，1989（2）：76-79.

[68] 刘炳仑．粪便孢粉学[J]．化石，1993（4）：26.

[69] 刘明珍，朱斌，袁素强，等．我国特有珍稀濒危植物银缕梅（*Parrotia subaequalis*）的花粉形态研究[J]．微体古生物学报．2020，37（1）：99-104.

[70] 刘青，李月，杨润梅，等．金花茶组植物资源现状与现代研究进展[J]．中国现代中药，2020，23（4）：726-733.

[71] 路雪林．金花茶的谱系地理学研究[D]．桂林：广西师范大学，2018.

[72] 罗劲松，周忠泽．安徽省舒城小涧冲林场主要植物的花粉形态研究[J]．古生物学报，2011，50（4）：511-525.

[73] 罗劲松，周忠泽．安徽大别山分水岭地带植物花粉形态研究[J]．微体古生物学报，2012，29（1）：99-120．

[74] 马玉贞，蒙红卫，桑艳礼，等．光学显微镜下松柏类和菊科花粉的分类、鉴定要点及生态意义[J]．古生物学报，2009，48（2）：240-253．

[75] 毛礼米．中国花粉形态学研究：历史回顾与前景展望[C]．中国古生物学会孢粉学分会十届一次学术年会，2017．

[76] 毛怡斌．防城港市金花茶科普旅游产品开发研究[D]．南宁：广西大学，2012．

[77] 闵天禄，张文驹．山茶属古茶组和金花茶组的分类学问题[J]．云南植物研究，1993，15（1）：1-15．

[78] 摩尔 P D，韦布 J A．花粉分析指南[M]．李文漪，肖向明，刘光琇，译．南宁：广西人民出版社，1987．

[79] 牟礼忠．神秘的"茶族皇后"[J]．广西林业，1993（1）：32-33．

[80] 倪穗，李纪元．山茶属植物花粉形态的研究进展[J]．江西林业科技，2007（3）：41-43．

[81] 帕特里夏·威尔特希尔．花粉知道谁是凶手——FBI法医生态学家破案手记[M]．牟文婷，译．北京：现代出版社，2021．

[82] 潘安定．柴达木盆地尕海湖晚第四纪古环境[M]．北京：气象出版社，2010．

[83] 庞洁．广西防城金花茶国家级自然保护区植物多样性研究[D]．南宁：广西大学，2008．

[84] 彭靖茹，甘志勇．金花茶花朵中微量元素的研究[J]．分析科学学报，2009，25（4）：484-486．

[85] 彭晓，于大永，冯宝民，等．金花茶花化学成分的研究[J]．广西植物，2011，31（4）：550-553．

[86] 漆娅，黄晓娜，叶品明．12种金花茶组植物产花量和产叶量研究[J]．农业研究与应用，2020，33（3）：9-12．

[87] 乔秉善．中国气传花粉和植物彩色图谱[M]．北京：中国协和医科大学出版社，2005．

[88] 秦小明，宁恩创，李建强．金花茶食品新资源的开发利用[J]．广西热带农业，2005（2）：20-25．

[89] 曲成．油菜蜂花粉的碱处理破壁研究[D]．上海：华东理工大学，2017．

[90] 任向楠，张红城，董捷．蜂花粉破壁的研究进展[J]．食品科学，2009，30（21）：380-383．

[91] 沈志燕，高云涛，张海芬，等．荞麦蜂花粉破壁扫描电子显微镜分析及黄酮模拟消化释放[J]．食品科学，2020，41（12）：1-6.

[92] 施苏华，唐绍清，陈月琴，等．11种金花茶植物的RAPD分析及其系统学意义[J]．植物分类学报，1998（4）：317-322.

[93] 束际林，陈亮，王海思，等．茶树及其他山茶属植物花粉形态、超微结构及演化[J]．茶叶科学，1998，18（1）：6-15.

[94] 束际林，陈亮．茶树花粉形态的演化趋势[J]．茶叶科学，1996，16（2）：115-118.

[95] 宋长青，孙湘君．中国第四纪孢粉学研究进展[J]．地球科学进展，1999（4）：401-406.

[96] 苏宗明，莫新礼．我国金花茶组植物的地理分布[J]．广西植物，1988，8（1）：75-81.

[97] 苏宗明．金花茶组植物种群生态的初步研究[J]．广西科学，1994，1（1）：31-36.

[98] 孙湘君，罗运利，陈怀成．中国第四纪深海孢粉研究进展[J]．科学通报，2003，48（15）：1613-1621.

[99] 谭莎，查钱慧，黄永芳，等．三种金花茶花粉形态的扫描电镜研究[J]．广西植物，2016，36（12）：1422-1425.

[100]唐领余，李春海，张小平，等．第四纪地层中壳斗科植物花粉化石及其与气候地理条件的关系[J]．古生物学报，2018，57（3）：387-410.

[101]唐领余，毛礼米，舒军武，等．中国第四纪孢粉图鉴[M]．北京：科学出版社，2017.

[102]唐领余，张小平，周忠泽．第四纪地层中常见的菊科植物花粉及其起源与分布[J]．古生物学报，2012，51（1）：64-75.

[103]唐绍清．金花茶植物及其近缘种的分子系统学研究[J]．植物学报，1999，41（4）：447-452.

[104]唐绍清，杜林方，王燕．山茶属金花茶组金花茶系的AFLP分析[J]．武汉植物学研究，2004（1）：44-48.

[105]唐绍清，施苏华，钟杨，等．基于ITS序列探讨山茶属金花茶组的系统发育关系[J]．广西植物，2004（6）：488-492.

[106]唐绍清，钟扬，施苏华，等．*Camellia nitidissima*与*C. petelotii*之间的关系研究——来自nrDNA ITS的证据[J]．武汉植物学研究，2001，19（6）：449-452.

[107]唐维，张星海．花粉破壁方法的研究进展[J]．食品与发酵工业，2003

（2）：86-92.

[108]汤忠皓 . 金花茶系花的分类[J]. 北京林业大学学报，1986（3）：44-47.

[109]田焕新，赵丽娜，万阳，等 . 吉林长白山夏季开花植物花粉形态研究及其古环境意义[J]. 微体古生物学报，2016，33（4）：379-419.

[110]王伏雄，钱南芬，张玉龙，等 . 中国植物花粉形态：第二版[M]. 北京：科学出版社，1995.

[111]王开发 . 花粉营养学与花粉食品[J]. 自然杂志，1985（10）：745-748.

[112]王开发 . 花粉营养价值与食疗[M]. 北京：化学工业出版社，2009.

[113]王开发 . 我国常见八种花粉的功效探讨[J]. 蜜蜂杂志，2010，30（12）：5-9.

[114]王开发，陆明 . 花粉治百病[M]. 上海：上海科学技术文献出版社，2014.

[115]王开发，王宪曾 . 孢粉学概论[M]. 北京：北京大学出版社，1983.

[116]王开发，徐馨 . 第四纪孢粉学[M]. 贵阳：贵州人民出版社，1988.

[117]王任翔，胡长华，梁倩华，等 . 金花茶组植物花粉扫描电镜研究（一）[J]. 广西植物，1997，17（3）：242-245.

[118]王任翔，胡长华，李春瑶，等 . 金花茶组植物花粉扫描电镜研究Ⅱ[J]. 广西师范大学学报（自然科学版），1997，15（3）：78-82.

[119]郭锐，密孝增，王华斌，等 . 7个茶树品种的花粉形态与生活力研究[J]. 安徽农业大学学报，2020，47（3）：331-339.

[120]汪启容，蒋勇军，郝秀东，等 . 孢粉记录的重庆岩溶槽谷区700年来植被演替与喀斯特石漠化[J]. 生态学报，2021，41（9）：3634-3644.

[121]王伟铭 . 中国孢粉学的研究进展与展望[J]. 古生物学报，2009，48（3）：338-346.

[122]王宪曾 . 解读花粉[M]. 北京：北京大学出版社，2005.

[123]王宪曾，王开发 . 应用孢粉学[M]. 西安：陕西科学技术出版社，1990.

[124]汪小兰 . 几种金花茶花粉的扫描电镜观察[J]. 武汉植物学研究，1985，3（2）：131-139.

[125]汪小兰 . 金花茶系植物（Series Chrysanthae Chang）的花粉形态[J]. 北京林业大学学报，1986（3）：48-51.

[126]王永吉，吕厚远 . 植物硅酸体研究及应用[M]. 北京：海洋出版社，1992.

[127]王运昌，范剑明，林永珍，等 . 梅州市金花茶引种栽培试验研究[J]. 广东林业科技 . 2014，30（4）：42-47.

[128]韦美玲，赵瑞峰，黄启斌，等 . 六种金花茶生物学特性的观察[J]. 广西植物，1994（2）：157-159.

[129]韦素娟. 淡黄金花茶谱系地理学研究[D]. 桂林：广西师范大学，2017.

[130]韦霄，郭辰，李吉涛，等. 金花茶的濒危机制及保育对策[J]. 广西科学院学报，2016，32（1）：1-5.

[131]韦霄，蒋水元，蒋运生，等. 珍稀濒危植物金花茶研究进展[J]. 福建林业科技. 2006（3）：169-174.

[132]韦霄，黄兴贤，蒋运生，等. 3种金花茶组植物提取物的抗氧化活性比较[J]. 中国中药杂志，2011，36（5）：639-641.

[133]韦霄，蒋运生，韦记青，等. 珍稀濒危植物金花茶地理分布与生境调查研究[J]. 生态环境，2007，16（3）：895-899.

[134]韦仲新. 山茶科花粉超微结构及其系统学意义[J]. 云南植物研究，1997，19（2）：143-153.

[135]韦仲新，ZAVADA M S，闵天禄. 山茶属的花粉形态及其分类学意义[J]. 云南植物研究，1992，14（3）：275-282.

[136]吴洪明，杨江帆，詹梓金. 黄色山茶花栽培育种研究进展[J]，2004，31（3）：147-150.

[137]中国植被编辑委员会. 中国植被[M]. 北京：科学出版社，1980.

[138]席以珍. 杉科植物花粉形态的研究[J]. 植物研究，1986，6（3）：127-144.

[139]肖丽梅. 金花茶组植物开花生物学特性及花粉粒形态初步研究[D]. 南宁：广西大学，2019.

[140]谢永泉，梁盛业. 金花茶系植物花粉形态[J]. 广西林业科技，1991，20（2）：65-70.

[141]徐竟甯. 广西防城港金花茶国家级自然保护区野生观赏植物资源调查与评价[D]. 南宁：广西大学，2014.

[142]许清海. 中国常见栽培植物花粉形态——地层中寻找人类痕迹之借鉴[M]. 北京：科学出版社，2015.

[143]许清海，李月丛，李育，等. 现代花粉过程与第四纪环境研究若干问题讨论[J]. 自然科学进展，2006，16（6）：647-656.

[144]许清海，李曼玥，张生瑞，等. 中国第四纪花粉现代过程：进展与问题[J]. 中国科学：地球科学，2015，45（11）：1661-1682.

[145]许清海，张生瑞. 花粉源范围研究进展[J]. 地球科学进展，2013，28（9）：968-975.

[146]徐中昌. 金花茶科学种植技术探究[J]. 现代农业研究. 2021，27（4）：113-114.

[147]薛晓明，周用武，方彦. 4种山茶属植物花粉形态的扫描电子显微观察[J]. 贵州农业科学，2012，40（5）：25-28.

[148]岩波洋造. 花粉学大要[M]. 东京：风间书房，1964.

[149]杨春蕾，周忠泽，周非，等. 皖南山区肖坑林场秋季植物花粉形态特征分析[J]. 植物资源与环境学报，2012，21（2）：1-12.

[150]杨泉光，柴胜丰，吴儒华，等. 濒危植物东兴金花茶伴生群落及其种群结构特征[J]. 广西林业科学，2020，49（4），492-497.

[151]杨振京，杨庆华，王宪曾，等. 神奇的孢子和花粉[M]. 北京：地质出版社，2014.

[152]杨振京，张芸，孔昭宸，等. 新疆天山地区孢粉学研究——方法、理论与实践[M]. 北京：科学出版社，2020.

[153]叶创兴. 山茶科的系统发育诠释 IV. 关于*Camellia petelotii*（Merr.）Sealy的笔记与评论[J]. 广西植物，1995，15（1）：3-5.

[154]叶创兴. 关于金花茶学名更替小记[J]. 广西植物，1997，17（4）：309-313.

[155]叶创兴，许兆然. 关于金花茶组的研究[J]. 中山大学学报（自然科学版），1992，31（4）：68-77.

[156]叶世泰，张金谈，乔秉善，等. 中国气传和致敏花粉[M]. 北京：科学出版社，1988.

[157]于宏达. 两个区域不同环境金花茶栽培试验[D]. 桂林：广西师范大学，2021.

[158]云南省植物研究所昆明植物园. 我国的黄茶花——金花茶[J]. 云南植物研究，1975（1）：54-58.

[159]张本能，黄广宾. 金花茶的分类和地理分布[J]. 武汉植物学研究，1986（1）：31-42.

[160]张金谈，王萍莉，郝海平，等. 现代花粉应用研究[M]. 北京：科学出版社，1990.

[161]张宏达，叶创兴. 关于金花茶学名的订正[J]. 中山大学学报（自然科学版），1991，30（4）：63-65.

[162]张宏达，叶创兴. 山茶科的系统发育诠析——II.金花茶的分类特征[J]. 中山大学学报（自然科学版），1993，32（3）：118-120.

[163]张金振，吴黎明，赵静，等. 13种植物源蜂花粉蛋白质的营养学评价[J]. 食品科学，2014，35（1）：245-257.

[164]张丽君，梁远楠，周莹，等. 广东肇庆金花茶引种现状及发展建议[J]. 中

南林业调查规划, 2016, 35（1）: 6-9.

[165]张武君, 刘保财, 赵云青, 等. 金花茶种苗繁育与栽培管理研究进展[J]. 热带农业科学, 2018, 38（6）: 42-48.

[166]张佩霞, 于波, 陈金峰, 等. 金花茶花粉离体萌发及低温处理探究[J]. 西部林业科学, 2016, 45（2）: 94-97.

[167]张茹春, 阳小兰. 河北省平原地区常见伴人植物花粉形态研究[J]. 微体古生物学报, 2015, 32（2）: 174-183.

[168]张武君, 赵云青, 刘保财, 等. 金花茶成分及药理作用研究进展[J]. 亚热带农业研究, 2018, 14（1）: 66-72.

[169]赵东东. 广西防城港金花茶国家级自然保护区鸟类群落研究[D]. 南宁: 广西大学, 2013.

[170]赵霖, 鲍善芬. 松花粉破壁前后显微形态和营养成分的研究[J]. 营养学报, 2001, 23（2）: 153-156.

[171]赵丽娜, 田焕新, 万阳, 等. 山西太岳山区植物的花粉形态及其古环境意义[J]. 微体古生物学报, 2017, 34（2）: 123-150.

[172]赵鸿杰, 罗昭润, 陈杰. 金花茶林下栽培技术[J]. 防护林科技, 2017（4）: 113-114.

[173]赵世伟, 程金水, 陈俊愉. 金花茶和山茶花的种间杂种[J]. 北京林业大学学报, 1998, 20（2）: 40-47.

[174]赵颖. 不同制样方法下四种豆科植物花粉的扫描电镜观察[J]. 电子显微学报, 2021, 40（3）: 307-310.

[175]郑卓. 第四纪孢粉研究: 应努力成为解决当前重大科学问题的研究主体[C]. 中国古生物学会孢粉学分会八届二次学术年会, 2011.

[176]中国科学院北京植物研究所古植物研究室孢粉组. 中国蕨类植物孢子形态[M]. 北京: 科学出版社, 1976.

[177]中国科学院植物研究所古植物室孢粉组, 中国科学院华南植物研究所形态研究室. 中国热带亚热带被子植物花粉形态[M]. 北京: 科学出版社, 1982.

[178]中国科学院中国植物志编辑委员会. 中国植物志[M]. 北京: 科学出版社, 1998.

[179]周山富, 杨方之. 孢粉地质学[M]. 杭州: 浙江大学出版社, 2007.

[180]周忠泽. 安徽省皖南山区植物的花粉形态和生态因子[J]. 古生物学报, 2009, 48（2）: 268-289.

[181]周忠泽, 鲁润龙. 扫描电镜的孢粉制样技术[J]. 电子显微学报, 1999,

（4）：474-476.

[182]邹琦丽，梁盛业. 广西金花茶花粉形态[J]. 广西植物，1984，4（3）：223-226.

[183]BROWN C A. Palynological techniques[R]. American association of stratigraphic palynologists foundation，Texas，2008.

[184]CHI C W. Four new *Camellia* from China[J]. Sunyatsenia，1948，7（1-2）：19-22.

[185]DAI L，WENG C Y. A survey on pollen dispersal in the western Pacific Ocean and its paleoclimatological significance as a proxy for variation of the Asian winter monsoon[J]. Science China earth sciences，2011，54：249-258.

[186]EHRENBERG C G. Uber die Bildung der Kreidefelsen und des Kreidemergels durch unsichtbare Organismen[M]. Konigliche Akademie der Wissenschaften zu Berlin，Abhandlungen，1838：59-147.

[187]FAN Z Q，LI J Y，LI X L，et al. Composition analysis of floral scent within genus *Camellia* uncovers substantial interspecific variations[J]. Scientia horticulturae，2019，250：207-213.

[188]GÖPPERT H R. De floribus in statu fossili，commentatio botanica[M]. Breslau：Thesis，1837.

[189]GREW N. The anatomy of plants，with an idea of a philosophical history of plants，and several other lectures，read before the Royal Society[M]. London：W. Rawlins，1682.

[190]HAO X D，WENG C Y，HUANG C Y，et al. Mid-Late Miocene vegetation and environments in Southeast China：insights from a marine palynological record in northwestern Taiwan[J]. Journal of Asian earth sciences，2017，138：306-316.

[191]HAO X D，OUYANG X H，ZHENG L B，et al. Palynological evidence for Early to Mid-Holocene sea-level fluctuations over the present-day Ningshao Coastal Plain in eastern China[J]. Marine geology，2020，426：106213.

[192]HAO X D，LI L X，OUYANG X H，et al. Coastal morphodynamics and Holocene environmental changes in the Pearl River Delta，southern China：new evidence from palynological records[J]. Geomorphology，2021，389：107846.

[193]HOOKE R. Micrographia or some physiological descriptions of minute bodies made by magnifying glasses，with observations and inquiries thereupon[M]. London：Printed by Jo. Martyn and Ja. Allestry，1665.

［194］HYDE H A，WILLIAMS D A．Studies in atmospheric pollen. I. A daily census of pollens at Cardiff［J］．New phytologist，1944，43：49−61．

［195］HYDE H A．Oncus，a new term in pollen morphology［J］．New phytologist，1955，54：255．

［196］LI S，LIU S L，PEI S Y，et al. Genetic diversity and population structure of *Camellia huana*（Theaceae），a limestone species with narrow geographic range，based on chloroplast DNA sequence and microsatellite markers［J］．Plant diversity，2020，42：343−350．

［197］LUO C X，CHEN M H，XIANG R，et al. Characteristics of modern pollen distribution in surface sediment samples for the northern South China Sea from three transects［J］．Quaternary international，2013，286：148−158．

［198］LUO C X，CHEN M H，XIANG R，et al. Modern pollen distribution in marine sediments from the northern part of the South China Sea［J］．Marine micropaleontology，2014，108：41−56．

［199］LUO C X，CHEN M H，XIANG R，et al. Comparison of modern pollen distribution between the northern and southern parts of the South China Sea［J］．International journal of biometeorology，2015，59：397−415．

［200］LUO C，YANG L，CHEN C，et al. Characteristics of surface soil pollen of northern Borneo and its paleoenvironmental significance［J］．Marine micropaleontology，2020，161：101926．

［201］LUO C，JIANG W，CHEN C，et al. Modern pollen distribution in the northeastern Indian Ocean and its significance［J］．International journal of biometeorology，2018，62：1471−1488．

［202］LÜ J F，CHEN R，ZHANG T，et al. Plant regeneration via somatic embryogenesis and shoot organogenesis from immature cotyledons of *Camellia nitidissima* Chi［J］．Journal of plant physiology，2013，170：1202−1211．

［203］MALPIGHI M，MARCELLO M．Die anatomie der pflanzen：I. und II. Theil. London 1675 und 1679［M］．Bearbeitet von M. Möbius，Ostwald's Klassiker der exakten Wissenschaften Nr，1901：163．

［204］MANH T D，THANG N T，SON H T，et al. Golden camellias：a review［J］．Archives of current research international，2019：1−8．

［205］OH J W. Pollen allergy in a changing world：a guide to scientific and clinical practice［M］．Singapore：Springer Nature Singapore Pte Ltd，2018．

［206］OUYANG X H，HAO X D，ZHENG L B，et al. Early to Mid−Holocene vegetation history，regional climate variability and human activity of the

Ningshao Coastal Plain, eastern China: new evidence from pollen, freshwater algae and dinoflagellate cysts[J]. Quaternary international, 2019, 528: 88−99.

[207]PARKS C R. Breeding progress with yellow camellias[J]. America camellia yearbook, 2000: 9−10.

[208]QI J, SHI R F, YU J M, et al. Chemical constituents from leaves of *Camellia nitidissima* and their potential cytotoxicity on SGC7901 cells[J]. Chinese herbal medicines, 2016, 8（1）: 80−84.

[209]SUN S G, HUANG Z H, CHEN Z B, et al. Nectar properties and the role of sunbirds as pollinators of the golden−flowered tea（*Camellia petelotii*）[J]. American journal of botany, 2017, 104（3）: 468−476.

[210]SUN X J, LI X, BEUG H J. Pollen distribution in hemipelagic surface sediments of the South China Sea and its relation to modern vegetation distribution[J]. Marine geology, 1999, 156: 211−226.

[211]SUN X J, LUO Y L, HUANG F, et al. Deep−sea pollen from the South China Sea: pleistocene indicators of East Asian monsoon[J]. Marine geology, 2003, 201: 97−118.

[212]SUN X J, LI X. A pollen record of the last 37 ka in deep sea core 17940 from the northern slope of the South China Sea[J]. Marine geology, 1999, 156: 227−244.

[213]TUYAMA T. On Theopsis chrysantha Hu[J]. Journal of Japanese botany, 1972, 50（10）: 297−299.

[214]WANG W X, LIU H Y, WANG Z N, et al. Phytochemicals from *Camellia nitidissima* chi inhibited the formation of advanced glycation end−products by scavenging methylglyoxal[J]. Food chemistry, 2016, 205（15）: 204−211.

[215]YU S H, ZHENG Z, CHEN F, et al. A last glacial and deglacial pollen record from the northern South China Sea: new insight into coastal−shelf paleoenvironment[J]. Quaternary science reviews, 2016, 157: 114−128.

[216]ZHANG K, HUANG Z, ZHANG S L. Using an optimization algorithm to establish a network of video surveillance for the protection of golden camellia[J]. Ecological informatics, 2017, 42: 32−37.

[217]YANG Q H, WEI X, ZENG X L, et al. Seed biology and germination ecophysiology of *Camellia nitidissima*[J]. Forest ecology and management,

2008, 255: 113-118.

[218]YANG S X, SONG B, YE S, et al. Regional-scale distributions of pollen and spore assemblages in alluvium around the Bohai Sea: an essential step toward understanding marine palynological sources in China[J]. Marine geology, 2019, 415: 105968.

[219]ZHANG H L, WU Q X, QIN X M. *Camellia nitidissima* Chi flower extracts inhibit α-amylase and α-glucosidase: in vitro by analysis of optimization of addition methods, inhibitory kinetics and mechanisms[J]. Process biochemistry, 2019, 86: 177-185.

图版及其说明

小瓣金花茶

图版 1

小瓣金花茶（*Camellia parvipetala*）：1. 花朵；2. 植株；3. 叶正面；4. 叶背面

图版 2

小瓣金花茶（*Camellia parvipetala*）：1～3. 花朵；4～5. 花苞

图版 3

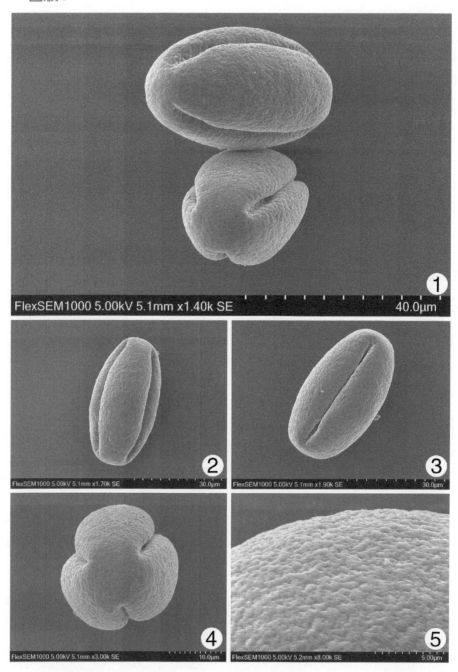

小瓣金花茶〔*Camellia parvipetala*〕花粉：1. 花粉粒；2 ～ 3. 赤道面观；
4. 极面观；5. 放大的表面纹饰

凹脉金花茶

图版 4

凹脉金花茶（*Camellia impressinervis*）：1. 花朵；2. 植株；3. 叶正面；4. 叶背面

图版 5

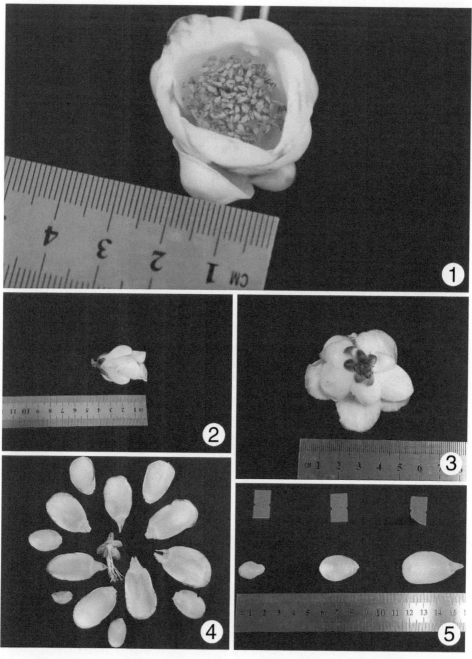

凹脉金花茶〔*Camellia impressinervis*〕：1～3. 花朵；4～5. 花朵解剖照片

图版 6

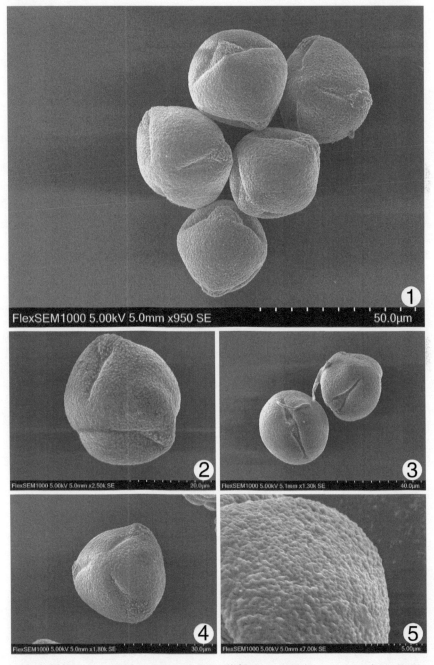

凹脉金花茶（*Camellia impressinervis*）花粉：1.花粉粒；2～3.赤道面观；
4.极面观；5.放大的表面纹饰

中东金花茶

图版 7

中东金花茶（*Camellia achrysantha*）：1.花朵；2.植株；3.叶正面；4.叶背面

图版 8

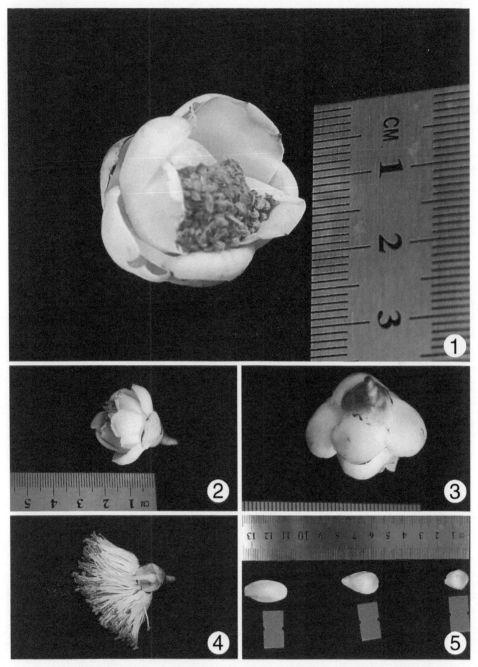

中东金花茶（*Camellia achrysantha*）：1～3.花朵；4～5.花朵解剖照片

图版 9

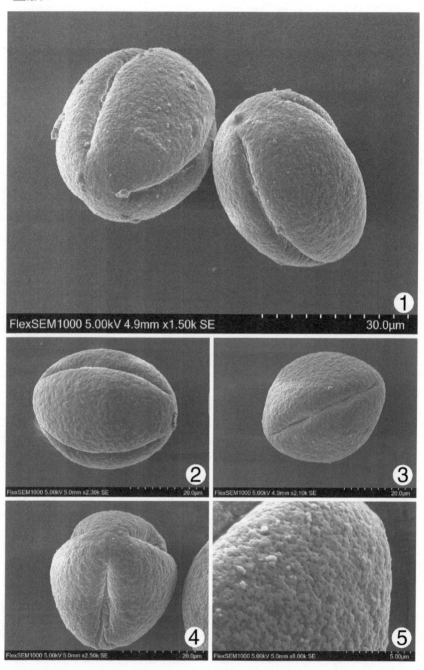

中东金花茶（*Camellia achrysantha*）花粉：1. 花粉粒；2～3. 赤道面观；
4. 极面观；5. 放大的表面纹饰

直脉金花茶

图版 10

直脉金花茶（*Camellia longgangensis* var. *patens*）：1. 花朵；2. 植株；
3. 叶正面；4. 叶背面

图版 11

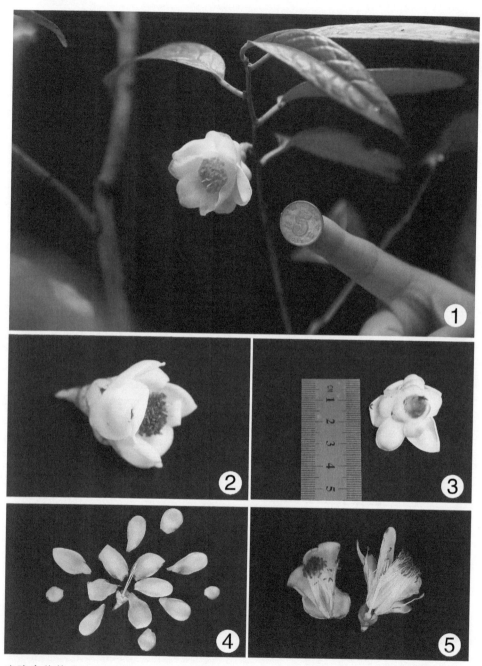

直脉金花茶（*Camellia longgangensis* var. *patens*）：1～3.花朵；4～5.花朵解剖照片

图版 12

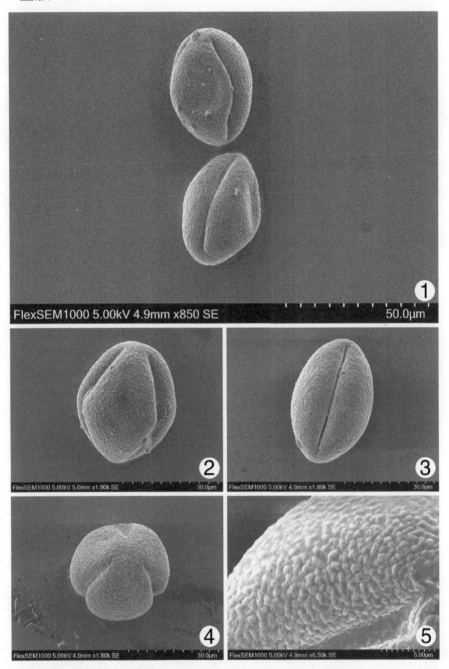

直脉金花茶（*Camellia longgangensis* var. *patens*）花粉：1. 花粉粒；
2～3. 赤道面观；4. 极面观；5. 放大的表面纹饰

柠檬金花茶

图版 13

柠檬金花茶（*Camellia limonia*）：1.花朵；2.植株；3.叶正面；4.叶背面

图版 14

柠檬金花茶（*Camellia limonia*）：1～3. 花朵；4. 花苞

图版 15

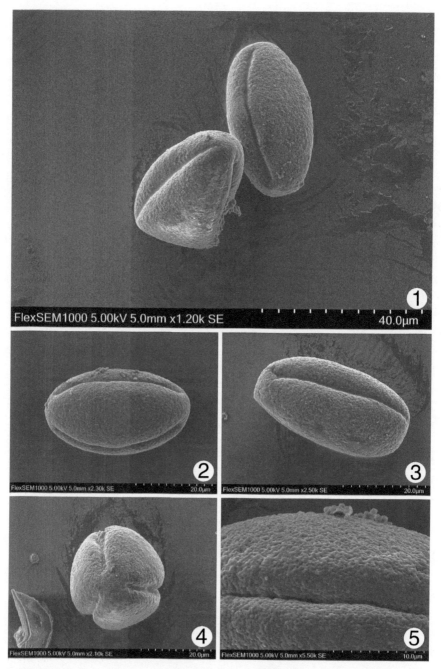

柠檬金花茶〔*Camellia limonia*〕花粉：1. 花粉粒；2 ～ 3. 赤道面观；
4. 极面观；5. 放大的表面纹饰

薄叶金花茶

图版 16

薄叶金花茶（*Camellia chrysanthoides*）：1. 花朵；2. 植株；3. 叶正面；4. 叶背面

图版 17

薄叶金花茶（*Camellia chrysanthoides*）：1～2. 花朵；3. 叶正面；4. 叶背面

图版 18

薄叶金花茶（*Camellia chrysanthoides*）花粉：1. 花粉粒；2 ～ 3. 赤道面观；
4. 极面观；5. 放大的表面纹饰

小果金花茶

图版 19

小果金花茶（*Camellia petelotii* var. *microcarpa*）：1. 花朵；2. 植株；3. 叶正面；
4. 叶背面

图版 20

小果金花茶（*Camellia petelotii* var. *microcarpa*）：1. 花朵；2. 植株；3 ～ 4. 叶

图版 21

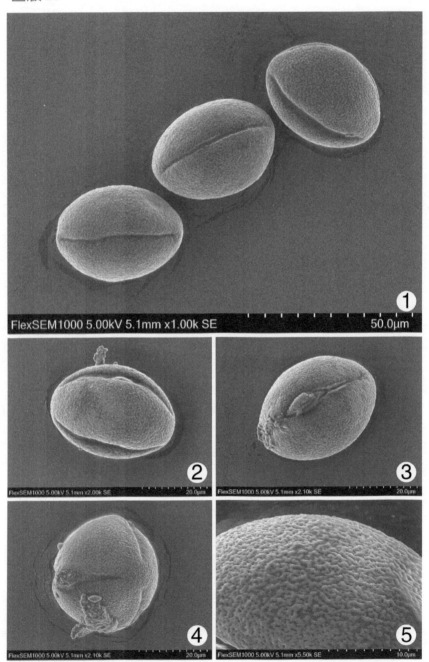

小果金花茶（*Camellia petelotii* var. *microcarpa*）花粉：1. 花粉粒；
2～3. 赤道面观；4. 极面观；5. 放大的表面纹饰

四季金花茶

图版 22

四季金花茶（*Camellia ptilosperma*）：1. 花朵；2. 植株；3. 叶正面；4. 叶背面

图版 23

四季金花茶（*Camellia ptilosperma*）：1、3～4.花朵；2.植株

图版 24

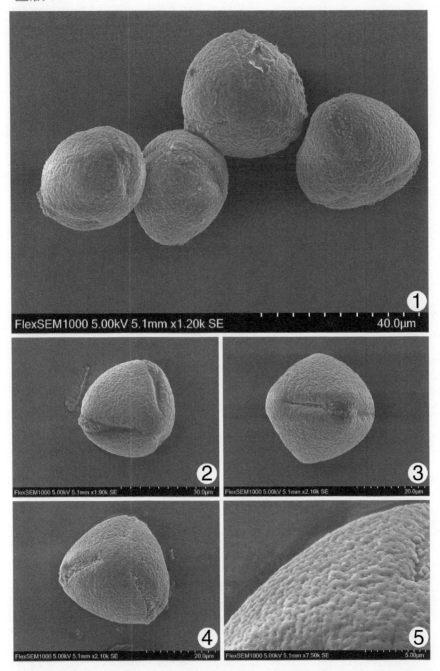

四季金花茶（*Camellia ptilosperma*）花粉：1. 花粉粒；2～3. 赤道面观；
4. 极面观；5. 放大的表面纹饰

小花金花茶

图版 25

小花金花茶（*Camellia micrantha*）：1. 花朵；2. 植株；3. 叶正面；4. 叶背面

图版 26

小花金花茶（*Camellia micrantha*）：1. 花朵；2. 植株；3. 叶正面；4. 叶背面

图版 27

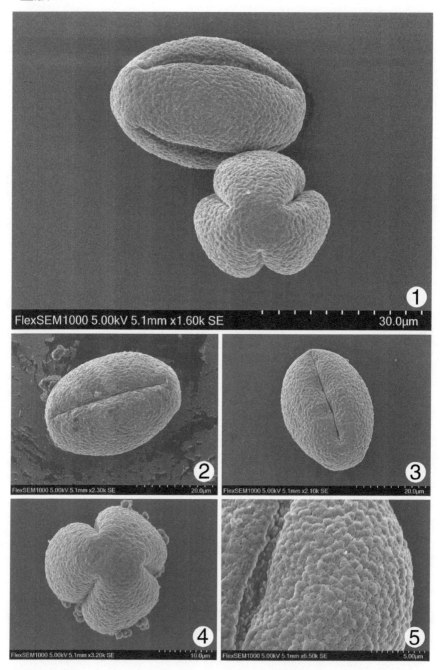

小花金花茶（*Camellia micrantha*）花粉：1. 花粉粒；2～3. 赤道面观；
4. 极面观；5. 放大的表面纹饰

顶生金花茶

图版 28

顶生金花茶（*Camellia pingguoensis* var. *terminalis*）：1. 花朵；2. 植株；3. 叶正面；
4. 叶背面

图版 29

顶生金花茶（*Camellia pingguoensis* var. *terminalis*）：1.花朵；2.植株；3.叶正面；
4.叶背面

图版 30

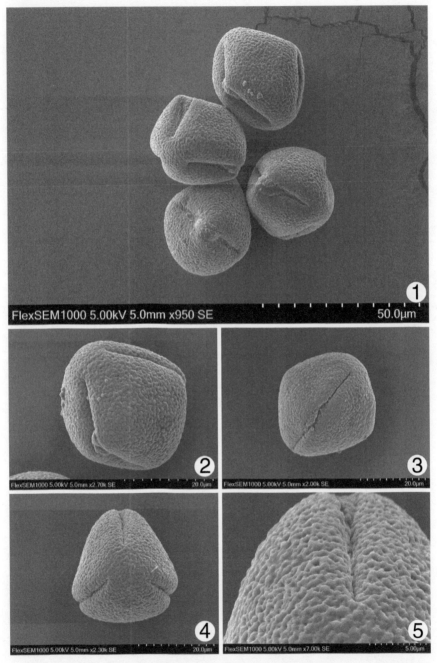

顶生金花茶（*Camellia pingguoensis* var. *terminalis*）花粉：1. 花粉粒；
2～3. 赤道面观；4. 极面观；5. 放大的表面纹饰

淡黄金花茶

图版 31

淡黄金花茶（*Camellia flavida*）：1. 花朵；2. 植株；3. 叶正面；4. 叶背面

图版 32

淡黄金花茶（*Camellia flavida*）：1、3～5.花朵；2.花苞

图版 33

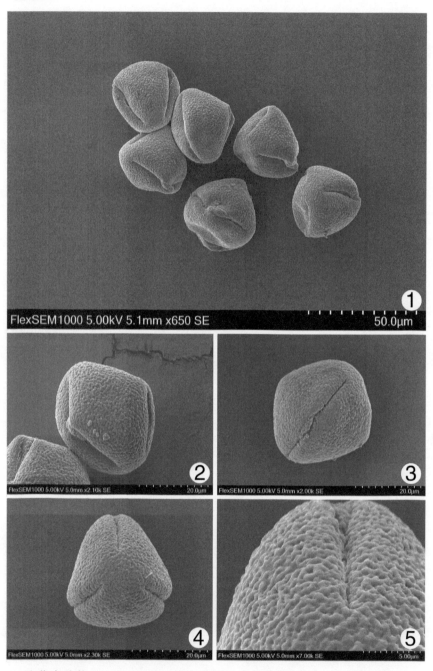

淡黄金花茶（*Camellia flavida*）花粉：1.花粉粒；2～3.赤道面观；
4.极面观；5.放大的表面纹饰

显脉金花茶

图版 34

显脉金花茶（*Camellia euphlebia*）：1. 花朵；2. 植株；3. 叶正面；4. 叶背面

图版 35

显脉金花茶（*Camellia euphlebia*）：1、4～5.花朵；2～3.花苞

图版 36

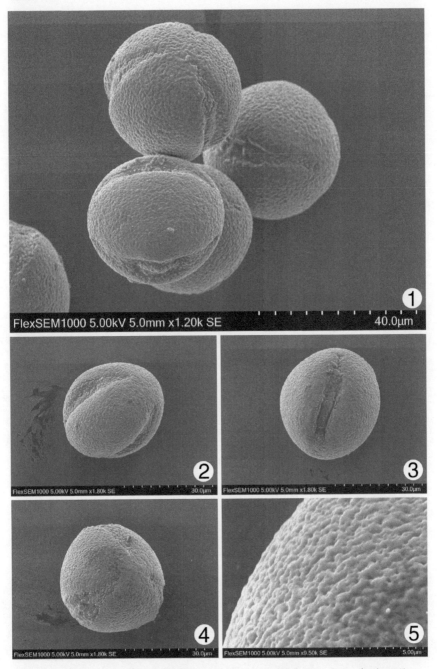

显脉金花茶（*Camellia euphlebia*）花粉：1. 花粉粒；2～3. 赤道面观；
4. 极面观；5. 放大的表面纹饰

平果金花茶

图版 37

平果金花茶（*Camellia pingguoensis*）：1.花朵；2.植株；3.叶正面；4.叶背面

图版 38

平果金花茶（*Camellia pingguoensis*）：1. 花朵；2～3. 花苞；4. 果实雏形；
5. 叶正面

图版 39

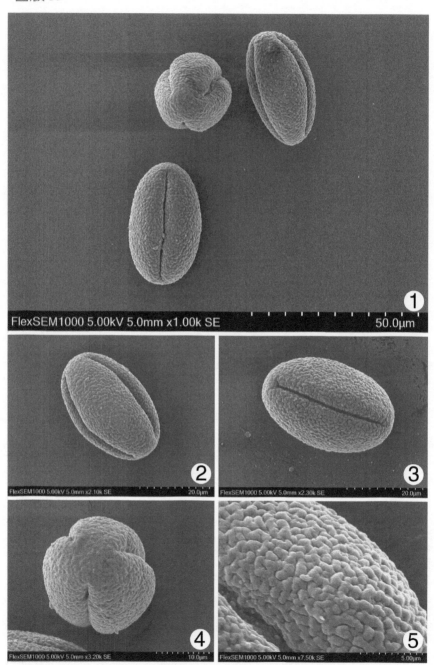

平果金花茶（*Camellia pingguoensis*）花粉：1. 花粉粒；2～3. 赤道面观；
4. 极面观；5. 放大的表面纹饰

弄岗金花茶

图版 40

弄岗金花茶（*Camellia grandis*）：1、3.花朵；2.花苞；4.叶正面；5.叶背面

图版 41

弄岗金花茶（*Camellia grandis*）：1～3. 花朵；4～5. 花朵解剖照片

图版 42

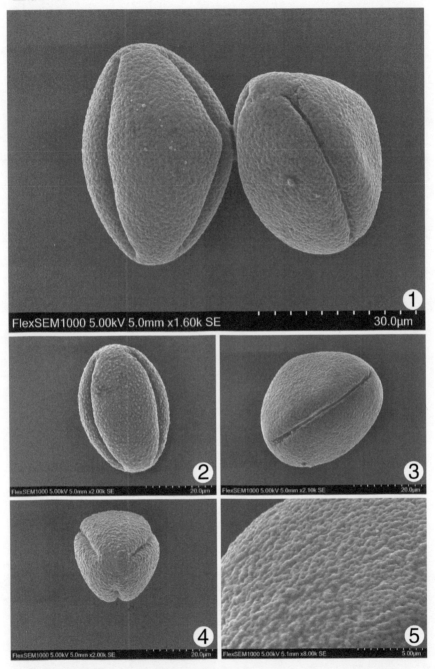

弄岗金花茶（*Camellia grandis*）花粉：1. 花粉粒；2 ～ 3. 赤道面观；
4. 极面观；5. 放大的表面纹饰

东兴金花茶

图版 43

东兴金花茶（*Camellia tunghinensis*）：1.花朵；2.植株；3.叶正面；4.叶背面

图版 44

东兴金花茶（*Camellia tunghinensis*）：1～3.花朵；4～5.花朵解剖照片

图版 45

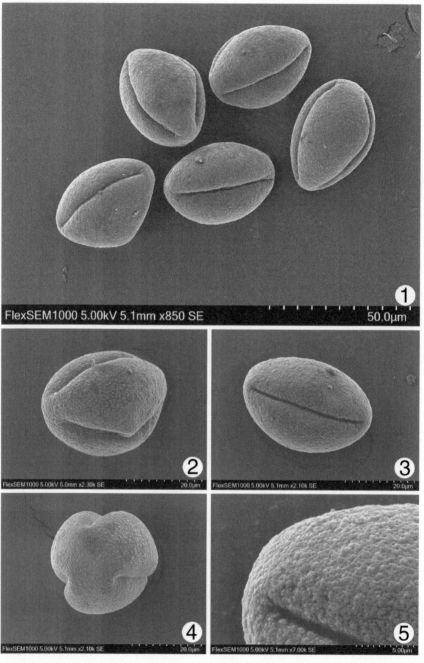

东兴金花茶（*Camellia tunghinensis*）花粉：1. 花粉粒；2～3. 赤道面观；
4. 极面观；5. 放大的表面纹饰

防城金花茶

图版 46

防城金花茶（*Camellia chrysantha* var. *phaeopubisperma*）：1. 花朵；2. 植株；
3. 叶正面；4. 叶背面

图版 47

防城金花茶（*Camellia chrysantha* var. *phaeopubisperma*）：1 ～ 3. 花朵；
4 ～ 5. 花朵解剖照片

图版 48

防城金花茶（*Camellia chrysantha* var. *phaeopubisperma*）花粉：1.花粉粒；
2～3.赤道面观；4.极面观；5.放大的表面纹饰

抱茎金花茶

图版 49

抱茎金花茶（*Camellia tiennii*）：1.花朵；2.植株；3.叶正面；4.叶背面

图版 50

抱茎金花茶（*Camellia tiennii*）：1～2. 花苞；3～4. 花朵；5. 成熟的果实

图版 51

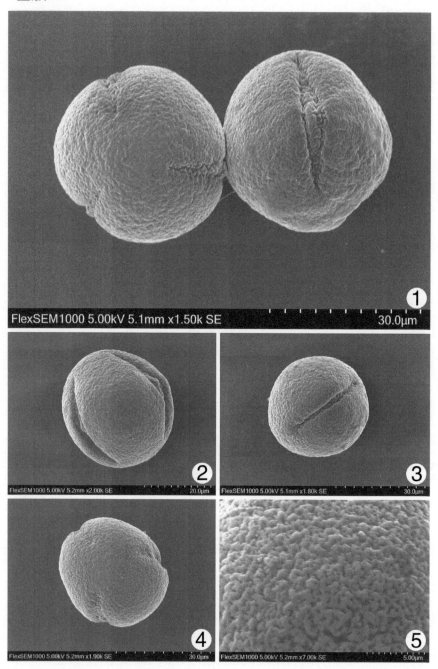

抱茎金花茶（*Camellia tiennii*）花粉：1. 花粉粒；2～3. 赤道面观；
4. 极面观；5. 放大的表面纹饰

金花茶越南种

图版 52

金花茶越南种（*Camellia* sp.）：1.花朵；2.植株；3.叶正面；4.叶背面；5.果

图版 53

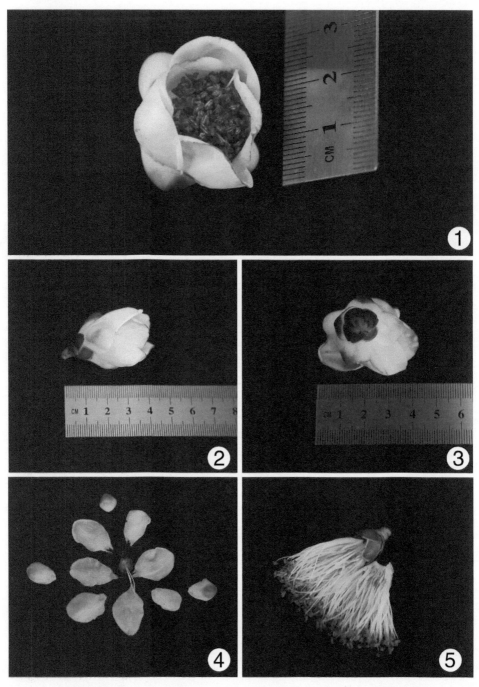

金花茶越南种（*Camellia* sp.）：1～3.花朵；4～5.花朵解剖照片

图版 54

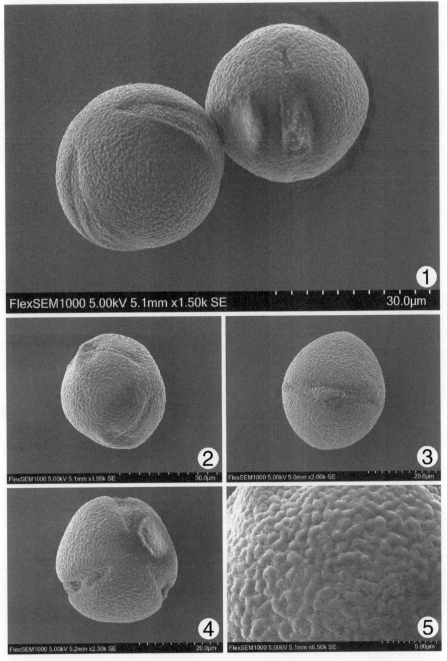

金花茶越南种（*Camellia* sp.）花粉：1. 花粉粒；2～3. 赤道面观；
4. 极面观；5. 放大的表面纹饰

金花茶电镜花粉 PS 图版

图版 55

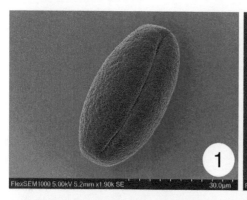
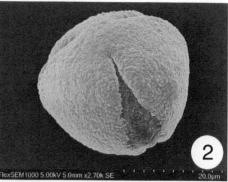
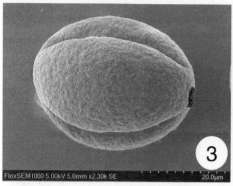
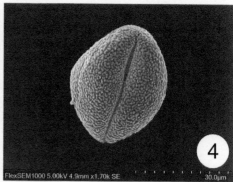
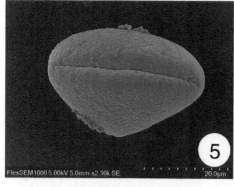
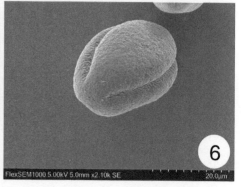

金花茶电镜花粉 PS 照片：1. 小瓣金花茶（*Camellia parvipetala*）；
2. 凹脉金花茶（*Camellia impressinervis*）；3. 中东金花茶（*Camellia achrysantha*）；
4. 直脉金花茶（*Camellia longgangensis* var. *patens*）；
5. 柠檬金花茶（*Camellia limonia*）；6. 薄叶金花茶（*Camellia chrysanthoides*）

图版 56

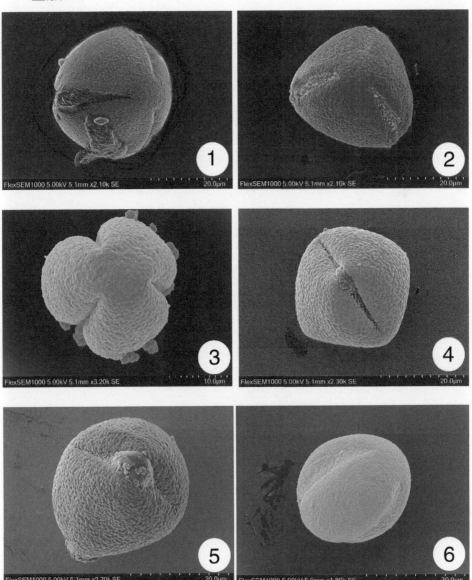

金花茶电镜花粉 PS 照片：1. 小果金花茶（*Camellia petelotii* var. *microcarpa*）；
2. 四季金花茶（*Camellia ptilosperma*）；3. 小花金花茶（*Camellia micrantha*）；
4. 顶生金花茶（*Camellia pingguoensis* var. *terminalis*）；
5. 淡黄金花茶（*Camellia flavida*）；6. 显脉金花茶（*Camellia euphlebia*）

图版 57

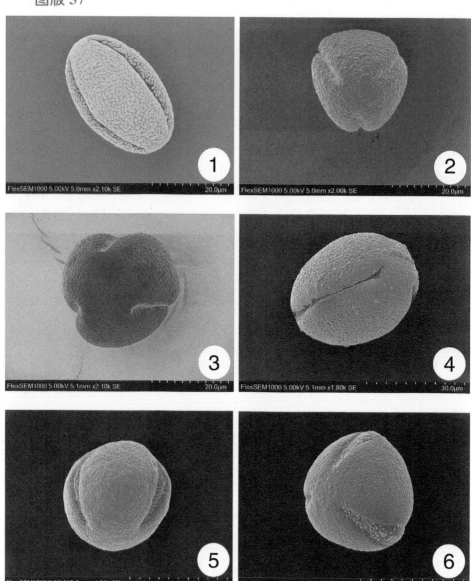

金花茶电镜花粉 PS 照片：1. 平果金花茶（*Camellia pingguoensis*）；
2. 弄岗金花茶（*Camellia grandis*）；3. 东兴金花茶（*Camellia tunghinensis*）；
4. 防城金花茶（*Camellia chrysantha* var. *phaeopubisperma*）；
5. 抱茎金花茶（*Camellia tiennii*）；6. 金花茶越南种（*Camellia* sp.）

金花茶文创产品

图版 58

金花茶文创产品

后　记

　　历时 3 载，《金花茶花粉电镜图鉴》终于付梓了。闭上眼帘，一幕幕往事浮现，历历如在眼前……

孢粉往事

　　2008 年，在大学毕业 5 年之久后，我重新背起了行囊，结束了短暂的创业之旅，从省城合肥出发，远赴重庆西南大学开启一段崭新的研究生之旅。

　　也正是在西南大学地理科学学院，我第一次知道了孢粉学，也非常荣幸成为该院孢粉实验室的第一批学员。孢粉实验室是在袁道先院士高瞻远瞩大力支持下建立的，当年算是西南地区唯一的孢粉实验室。

　　2010 年，我有缘结识孢粉学前辈——许清海教授，并邀请许老师到西南大学指导交流。许老师的到来，为我的孢粉研究打开了一扇窗，也更加坚定了我继续深造的决心。在许老师的指导下，我报名参加了在兰州大学举办的第十届全国第四纪学术大会，并在会议期间结识了同济大学的汪品先院士和孙湘君教授，以及韩家懋、徐家声、唐领余、朱诚、潘安定、萧家仪等学术大家。也正是在汪老师和孙老师的鼓励下，我更加坚定地立志报考同济大学海洋学院的博士。

　　2011 年暑假，我如愿收到了同济大学海洋学院的博士录取通知书，并有幸参加了海洋学院主办的"全国海洋地质暑期学校"，获得了"优秀学员"称号。暑期学校一结束，我便申请去许老师的孢粉实验室学习花粉鉴定。学习花粉鉴定的时间虽然很短，但许老师和李月丛老师给予的指导终生难忘；同时，也收获了众多从事孢粉研究的同学们，如丁伟、李建勇、李曼玥、张生瑞、刘耀亮、浑凌云等的深厚情谊。我们一起学习鉴定花粉，一起采摘核桃，一起想办法去除核桃外皮……

在同济大学读博期间，恰逢汪老师主持的"南海深海过程演变"重大研究计划实施。也正是在该项目的支持下，我完成了博士阶段的学习，并实现了人生的重大蜕变。不用说，这是我人生最宝贵的时光。

2017年，我接到胡宝清院长热情洋溢的电话，于是，我第一次来到了南宁。当我踏进广西师范学院（南宁师范大学前身），就被满校园五彩缤纷的花朵所吸引。南国的花真多啊，这对于我坚持近10年的"采花大业"——随身携带样品袋采集所能遇见的现代花粉标本，以期建立最全的现代花粉数据库——具有多大的吸引力啊！短暂的面试过后，胡老师请我们吃饭，席间嘱咐我建立孢粉实验室需要哪些仪器，可以和潘吟松主任联系。我返回同济大学后，马上着手整理和筹备孢粉实验室，并将草拟的所需仪器报给潘主任。2017年至今，短短4年，在胡院长的支持下，南宁师范大学孢粉实验室已经粗具规模，拥有独立的扫描电子显微镜室、光学显微镜鉴定室和孢粉提取的前处理间。良好的实验环境，也为项目申请和论文发表创造了重要条件。自入职以来，我们获批孢粉学方向的国家基金3项，广西省级基金3项，自然资源部海底科学重点实验室、自然资源部岩溶动力学重点实验室、广西红树林保护与利用重点实验室、岩溶环境重庆市重点实验室、北部湾教育部重点实验室等开放基金7项；分别在 *Geomorphology*、*Marine Geology*、*Journal of Paleolimnology*、*Continental Shelf Research*、*Quaternary International* 等 SCI 期刊发表论文5篇，在《生态学报》《地理科学》《中国岩溶》等中文核心期刊发表论文6篇。指导硕士研究生4名（其中与西南大学联合指导毕业1名，现在读3名）；大学生创新项目7项（共38名本科生）；本科生毕业论文1篇；辅导2016级8名大创本科生考研，其中6名分别被广西大学、云南师范大学、烟台大学、贵州大学等高校录取为硕士研究生。科研之余，致力于微信公众号"**东哥说花粉**"的花粉科普活动，旨在将"**看不见的花花世界**"照进现实，让更多的朋友来领略显微镜下的另一种美丽。

遇见金花茶

第一次去广西防城金花茶国家级自然保护区，时值冬月，并没有遇见金花茶开花。

保护区主任潘柳青热情地请我们品尝当季金花茶的花茶。一朵朵金花茶在透明的玻璃杯里静静绽放，满屋子里都是金花茶的清香。轻轻抿一口，唇齿留香，沁人心脾，感觉整个人都舒畅了不少。我一直有咳嗽的老毛病，是多年从事实验室处理的积疾，不想在我喝完一杯金花茶花茶之后，症状缓解了很多，甚感诧异。

虽然没有遇见盛开的金花茶，但品尝金花茶给我带来的惊喜，仍让我激动，难以忘怀。

在接下来的学术交流中，我汇报了近10年的孢粉研究成果，从重庆到宝岛台湾，从现代花粉到几千万前的第三纪孢粉化石；同时，也展示了一些精美的花粉照片——显微镜下的另一种美丽。

潘主任对花粉的美丽极为赞赏，当即表示，希望我能够制作整理保护区内所有金花茶品种的花粉照片。

一个多月后，保护区副主任廖南燕和上岳保护站站长朱锡纯打来电话，说金花茶已经陆续开花啦。

我很兴奋，带着激动，飞快地赶到站里，第一次目睹盛开的金花茶。

柔和的阳光下，一朵朵金灿灿的花儿次第开放，有的盛开，露出红彤彤的花蕊，有的还是花骨朵儿。不时有蜂蝶嗡嗡作响，它们正在采蜜，忙得不亦乐乎。

在廖南燕副主任的带领下，保护区的工作人员开始对区内不同种金花茶进行了细致的拍照和采样工作。事实上，并不是每种金花茶当年都会开花，为了尽可能采集不同种金花茶的花粉标本，他们前前后后坚持采集了3年时间。其间，为了更好地拍摄金花茶，他们摸索了多种拍照方式，譬如由两人拉黑布作背景，另一人扛相机拍照等，取得了较好的拍摄效果。他们采集好金花茶花粉标本，就送到南宁，随后，我们就开展实验室处理，安排电子显微镜进行扫描。2020年的某一天，廖南燕和朱锡纯两人亲自将最后一批金花茶标本送到我的办公室，花粉标本采集工作暂时告一段落。后来，我将整理好的部分金花茶花粉电子显微镜照片，以及我的金花茶研究计划，即从花粉形态学，金花茶花粉现代过程研究，一直到如何从地层中鉴别金花茶花粉，重建和恢复过去地质历史时期金花茶组植物的分布范围及其群落结构，进而揭示其演化史与迁移史等，给来访的潘主任一行作了较为详细的汇报。后来，潘主任调往广西生态环境监测中心，保护区新任主任李武峥继续支持金花茶花粉研究，并提出是否可以考虑出版一本金花茶花粉图鉴。于是，我们经过一年多的筹备，查阅大量金花茶研究文献、整理相关资料、最终排版花粉图版，等初稿略具成形，便联系了广西科学技术出版社。

这便是《金花茶花粉电镜图鉴》这本书的由来。

郝秀东

2021 年 12 月 20 日